Les origines de l'homme expliquées à nos petits-enfants

Pascal Picq

Les origines de l'homme expliquées à nos petits-enfants

Éditions du Seuil

ISBN 978-2-02-099160-5

www.editionsduseuil.fr

PROLOGUE

D'où vient l'homme ? Et qu'est-ce qui distingue le plus l'homme des espèces les plus proches dans la nature actuelle, comme les chimpanzés ? Depuis quelques décennies, les recherches sur nos origines et notre évolution s'enrichissent de nouveaux fossiles comme Toumaï ou Ardi, mais aussi d'avancées spectaculaires en génétique, en linguistique et en éthologie des grands singes, c'est-à-dire l'étude de leurs comportements, de leurs vies sociales, de leurs traditions culturelles, de leur intelligence, etc. Les enfants se saisissent sans difficulté de ces découvertes, n'éprouvant aucun a priori quand on leur montre combien les chimpanzés sont proches de nous, utilisent des outils, rient, pleurent... En tout cas jusqu'à un certain âge ! Car, hélas, les enfants grandissent et, avançant dans leurs études, ils rencontrent d'autres enseignements touchant aux philosophies, aux religions et aux sciences humaines. Leurs capacités scientifiques naturelles, innées, à s'émerveiller des choses de la nature, du monde, de l'évolution, s'étiolent. Selon l'expression d'un philosophe contemporain, l'éducation devient une « domestication de leur rationalité ». Alors ce qui était étonnement, ouverture, surprise, devient rejet, anathème, scandale, parfois colère et inquisition.

Ce livre fait suite à *Darwin et l'évolution expliqués à nos petits-enfants*, deux livres et un double anniversaire pour l'année 2009, « l'année Darwin ». Le premier honorait la naissance du grand homme de science en février 1809 ; le second fête le 150e anniversaire de la publication de *L'Origine des espèces au moyen de la sélection naturelle* en novembre 1859. L'immense œuvre darwinienne se distingue par deux grandes contributions, *L'Origine des espèces* donc en 1859 et, deux décennies plus tard,

La Filiation de l'homme en relation avec la sélection sexuelle en 1871, suivie de *L'Expression des émotions chez l'homme et l'animal* en 1872. Ces deux livres proposent un programme scientifique sur les origines naturelles de l'homme, à la fois pour sa biologie – squelette, locomotion, physiologie, taille du cerveau… – et aussi sur ses comportements et ses capacités cognitives dites supérieures, tels les fondements de la morale. Même les plus fidèles soutiens de Darwin, comme Alfred Russel Wallace, le coïnventeur de la sélection naturelle, et Thomas Huxley, hésiteront à aller aussi loin. Ce programme de recherche ne s'est mis en place que depuis un quart de siècle et est encore loin d'être bien accepté.

Ce second livre en hommage à Charles Darwin présente les approches actuelles autour des origines et de l'évolution de la lignée humaine, s'inscrivant dans le cadre de l'*anthropologie évolutionniste*, une anthropologie qui embrasse toutes les sciences de l'homme et s'inscrit dans les théories modernes de l'évolution. Une autre vision de nos origines se dessine, non plus occultée par la honte, mais éclairée par les connaissances, comme un regard d'enfant découvrant le monde. Alors, comme dans les plus belles histoires : « Il était une fois l'évolution de l'homme ».

Foulangues, novembre 2009

VERS LES ORIGINES DE LA LIGNÉE HUMAINE

I. L'homme ne descend pas du singe !

– *À la fin de notre dialogue dans* Darwin et l'évolution expliqués à nos petits-enfants, *tu m'avais promis de me parler de l'évolution de l'homme et c'est pour cela que je reviens te voir.*

Je suis heureux de te retrouver, car il restait beaucoup de sujets à aborder, comme les avancées des théories de l'évolution depuis Darwin, notamment autour des origines de l'homme.

La place de l'homme dans la nature

– *Alors est-ce que l'homme descend du singe ?*

Voilà une expression inoxydable ! Il y a un siècle et demi, une noble dame anglaise, Lady Worcester, s'effrayant de la théorie de l'évolution de Charles Darwin s'est exclamée : «Ainsi, l'homme descendrait du singe ; pourvu que cela ne soit pas vrai. Mais si cela devait être le cas, prions pour que cela ne se sache pas.»

– *Et alors ?*

Pas besoin de prier, car l'homme ne descend pas du singe, il fait partie des singes ou, en des termes plus scientifiques, des singes anthropoïdes ou encore des simiens. Le problème est que dans ce genre d'expression on parle bien de l'homme, mais de quels singes ? Le singe du langage courant, celui des philosophes ou encore des théologiens ou bien des singes des naturalistes ? À ton avis ?

– *Je n'en sais rien. Mais c'est quoi un singe alors ?*

Il va falloir que tu apprennes à t'exprimer

différemment. Laissons le singe aux théologiens et aux philosophes et intéressons-nous aux singes ou simiens. Il faut que je te parle de la classification des espèces car, sans cela, on ne peut rien comprendre à l'évolution.

– Je sens que ça va être difficile.

Il faut observer, comparer et ranger les espèces les unes par rapport aux autres. Pour commencer, nous nous limiterons à l'anatomie, c'est-à-dire au corps, au squelette et aux dents. On y va ?

– Je t'écoute.

Les hommes et les singes font partie des primates, l'ordre des mammifères adaptés à la vie dans les arbres.

– Comme les écureuils et les paresseux ?

Là, tu m'as bien eu. En effet, on ne définit pas un groupe aussi simplement. Les primates possèdent cinq doigts aux extrémités de leurs membres, terminés par des ongles. Le premier est plus court, plus puissant et s'écarte, ce qui permet de saisir les branches. Cette fois, tu peux oublier les écureuils et les paresseux. Au niveau du crâne, les primates conservent un grand nombre de dents, 36 chez les singes d'Amérique du Sud et 32 chez tous les autres singes comme les babouins, les chimpanzés et les hommes.

– Je n'ai pas 32 dents !

Quand tu seras adulte, tu auras normalement 32 dents avec, par demi-mâchoire, deux incisives, une canine, deux prémolaires et trois molaires. Tu multiplies par quatre, et cela fait bien 32 dents. Tous les singes actuels d'Afrique, d'Asie et d'Europe – environ une centaine d'espèces, dont l'homme – possèdent la même panoplie dentaire, un caractère hérité du plus ancien singe fossile, dit « moderne », connu, *Aegyptopithecus zeuxis*, trouvé en Égypte, et âgé de 32 millions d'années. Chez les primates, et tout particulièrement les singes, les yeux se situent de part et d'autre de la racine du nez, et non pas écartés vers les côtés, ce qui permet une excellente vision des reliefs et des couleurs. Comparés à des mammifères de même taille corporelle, comme les chiens, ils possèdent un plus grand cerveau, en rapport avec des vies sociales très actives.

– Mais il y a d'autres animaux actifs et sociaux, comme les loups par exemple ?

Classer les espèces n'est pas si simple. C'est l'affaire d'une discipline qu'on appelle la *systématique* ou science des classifications. Il est évident que les chats, les tigres, les lions et bien d'autres appartiennent à un même groupe qu'on appelle la famille des félidés ou félins dans le langage courant. De même pour les chiens, les renards, les loups et les chacals qui représentent la famille des canidés ou des canins. Tout cela, c'est du bon sens. Mais ce bon sens se trouve bousculé lorsqu'on y regarde de plus près.

– *C'est le cas pour les singes ?*

On sait depuis plus de 250 ans que l'homme fait partie de l'ordre des primates, qui comprend les singes, les grands singes, les lémuriens de Madagascar et d'autres espèces moins connues ; environ 200 espèces dans la nature actuelle, vivant dans les forêts de la bande des Tropiques.

– *Pourquoi dans ces forêts ?*

Parce que les primates dépendent des arbres pour se nourrir – nous avions évoqué leur coévolution avec les arbres à fleurs et à fruits. Il n'y a que dans ces forêts qu'ils trouvent des fruits, des feuilles et des insectes toute l'année. Ils ne pourraient pas survivre dans les forêts d'Europe où les arbres perdent leurs feuilles pendant la saison froide. Pour revenir à la systématique, classiquement on distinguait les pré-singes et les singes ou, en des termes plus corrects, les prosimiens et les simiens. Dans le premier groupe, on rangeait les lémuriens, les loris, les galagos, les ayes-ayes et les tarsiers ; dans l'autre, les singes, les grands singes et l'homme. À vue de nez, cela semblait cohérent. Mais tout cela a été modifié par une classification plus précise bien qu'on puisse la dire au pif.

– Pardon ?

Tous les mammifères ont un museau terminé par une truffe, le *rhinarium*, recouverte d'une peau ou muqueuse comme celle des lèvres, souvent humide et de température plus froide. C'est le cas chez tous les prosimiens, sauf les tarsiers. Quant à ces derniers et aux simiens, tous possèdent un nez. La truffe a disparu et les ouvertures nasales, ou narines, sont entourées de la même peau que le reste du visage. Les vibrisses, ces longs poils rigides et tactiles autour de la truffe, ont aussi disparu.

C'est donc un caractère évolué que nous partageons avec les tarsiers ; en dépit des apparences, ils sont plus proches de nous, singes et hommes, que des lémuriens.

– *Alors comment il faut les appeler maintenant ?*

Les primates avec une truffe – caractère archaïque ou ancien chez les mammifères – sont les strepsirhiniens et ceux avec un nez – caractère évolué ou dérivé –, les haplorhiniens. C'est un bon exemple de la façon dont on classe les espèces, pas sur leurs apparences, mais à partir de caractères évolués partagés. Cela veut dire que tout le groupe des haplorhiniens descend d'un même ancêtre qui a acquis un nez.

– *Et on le connaît ?*

C'est possible, grâce à un magnifique fossile décrit récemment, une femelle appelée Ida et datée de 47 millions d'années. Son vrai nom est *Darwinius massillae*, en l'honneur du bicentenaire de Darwin.

– *Mais cela ne change pas grand-chose pour nous et les singes ?*

On y arrive. Parmi les haplorhiniens, on

distingue les singes d'Amérique du Sud ou du Nouveau Monde, et les singes d'Afrique, d'Europe et d'Asie, dits de l'Ancien Monde. Les premiers ont un nez avec une séparation importante entre les narines : ce sont les platyrhiniens ; les seconds ont des narines très rapprochées, ce sont les catarhiniens.

– Tu es sûr ? Car j'ai l'impression que les gorilles ont un gros nez.

Ils ont de grosses narines, mais proches l'une de l'autre. Tu peux aller vérifier.

– Mais les hommes peuvent aussi avoir de grands nez.

Il est vrai que l'homme se distingue, parmi les catarhiniens, par un nez saillant et étroit, mais toujours avec des narines rapprochées. Au sein des catarhiniens, on s'intéresse à d'autres caractères. On les sépare en deux superfamilles avec, d'un côté, les « singes à queue » ou cercopithécoïdes, et, de l'autre, « les singes sans queue » ou hominoïdes. Les cercopithécoïdes rassemblent une centaine d'espèces actuelles : babouins, macaques, entelles, colobes, cercocèbes, cercopithèques, etc. Les hominoïdes comprennent les gibbons et les siamangs d'Asie, les orangs-outangs de Bornéo et Sumatra, les chimpanzés, les gorilles d'Afrique et l'homme. Cette fois, le caractère évolué qui distingue les hominoïdes des autres singes est la perte de la queue.

– *Hominoïdes veut dire « qui ressemble à l'homme » ?*

Exactement. Ce sont des « grands singes » car de grande taille et qui, à cause de cela, se déplacent au-dessous des branches, se suspendent aux branches. Si tu fais la coupe du corps d'un mammifère quelconque au niveau de la cage thoracique, tu observes qu'elle est étroite d'un côté à l'autre et profonde entre la colonne vertébrale et le sternum, les omoplates se fixant sur le côté. Il en est ainsi chez tous les mammifères qui se déplacent sur quatre membres. C'est le cas chez tous les singes cercopithécoïdes. L'anatomie de la cage thoracique des hominoïdes est très différente puisqu'elle est large d'un côté à l'autre et peu profonde entre la colonne vertébrale et le sternum. Les omoplates sont dans le dos, les clavicules longues et les articulations de l'épaule orientées vers le haut. Ainsi, ils peuvent se suspendre au bout de leurs longs bras. Le bas du dos est court – quatre ou cinq vertèbres – et la queue a disparu, réduite à un tout petit coccyx. Est-ce que tu ne te reconnais pas dans cette description ?

– Évidemment et, si j'ai bien compris, il y a des singes, en fait des grands singes, qui sont plus proches de nous que des autres singes ! Dire que « l'homme descend du singe » n'a donc aucun sens.

On savait déjà au XVIIIe siècle que les chimpanzés et les orangs-outangs ressemblaient plus à l'homme qu'aux autres singes, ce qui fascinait les naturalistes et les philosophes. Mais, et c'est là une histoire à peine croyable, alors qu'on commence à comprendre que ces ressemblances peuvent signifier que nous avons une histoire commune avec ces grands singes, autrement dit l'évolution, on dit que « l'homme descend du singe » pour mieux écarter les singes, et donc les grands singes, de nos origines.

– Et aujourd'hui ?

On admet enfin que l'homme et les grands singes sont très proches les uns des autres. Mais, comme nous le verrons, même les paléoanthropologues ont encore des difficultés à comprendre à quel point les chimpanzés sont semblables à nous, ce qui bouleverse beaucoup d'idées quant à nos origines. Avant cela, il faut que je te raconte la lente évolution de nos idées sur l'histoire de notre lignée depuis que Charles Darwin a publié son livre sur l'origine des espèces en 1859.

– Est-ce que Darwin parle de l'évolution de l'homme ?

Il se garde bien de toucher à cette question très sensible. Il se contente d'écrire qu'« à terme, on aura des lumières sur les origines de l'homme ». Tout le monde avait compris et évidemment le scandale fut immédiat. C'est une véritable révolution de la pensée sur l'homme.

II. Du chaînon manquant au dernier ancêtre commun

– C'est quoi cette révolution ?

Elle est annoncée dans les livres de Darwin *La Filiation de l'homme en relation avec la sélection sexuelle* de 1871 et *L'Expression des émotions chez l'homme et l'animal* de 1872. Cette révolution concerne, d'une part, nos relations de parenté avec les grands singes africains et nos origines africaines, et, d'autre part, les origines de nos comportements sociaux et de nos capacités mentales ou cognitives. Mais au lieu de suivre Darwin, on a inventé l'idée de « chaînon manquant » et écarté les grands singes africains de nos origines communes.

– Ce serait quoi, ce chaînon manquant ?

Hier comme aujourd'hui persiste le schéma de l'échelle naturelle des espèces qui se présente comme une longue procession avec, sur la gauche, les espèces les plus archaïques et, en progressant vers la droite – comme pour le sens de la lecture –, vers des formes de plus en plus évoluées : pré-singes, singes, grands singes et l'homme. Autrement dit – et en des termes plus savants : primates → prosimiens → simiens → hominoïdes → homme. C'est une conception graduelle de l'évolution et chaque étape représente donc un « grade ». Le chaînon manquant se situe entre les deux derniers grades : les grands singes et l'homme.

– Alors un grade, c'est comme un « échelon » de l'échelle des espèces ?

Exactement. Cela signifie que le « grade homme » ou sa famille est le grade le plus évolué, issu du « grade grand singe » ou hominoïde, plus primitif, lui-même issu du « grade singe » ou simien encore plus archaïque et ainsi de suite en redescendant la succession des grades. Le problème est que la théorie synthétique de l'évolution va reprendre l'échelle inoxydable des espèces, ce qui donne la *systématique évolutionniste*. On classe les espèces à la fois à partir de leurs ressemblances et aussi en ayant une certaine idée préconçue de l'évolution avec des grades.

– Et cela donne une fausse idée des origines de l'homme ?

C'est le moins que l'on puisse dire, et on n'en est pas encore sorti. Une fois de plus, on n'a pas bien lu Darwin. Il dit très clairement que les classifications sont la conséquence d'une histoire, l'évolution, et que les ressemblances entre les espèces expriment des relations de parenté.

– Je ne vois pas la différence.

As-tu un frère ou une sœur ?

– *Oui.*

Tu es bien d'accord que c'est la personne qui te ressemble le plus au monde ?

– *Bien sûr !*

Et pourquoi ?

– *Trop facile, parce que nous avons les mêmes parents.*

Eh bien, Darwin dit que c'est exactement pareil entre les espèces. Avec la *systématique évolutionniste,* tu dirais que tu descends de ton frère ou de ta sœur ; avec la systématique proposée par Darwin et que l'on appelle aujourd'hui *systématique phylogénétique*, tu dis que toi et tes frères et sœurs descendez des mêmes parents.

– *Systématique philo quoi ?*

Phylogénétique. La systématique phylogénétique, appelée aussi cladistique, classe les espèces selon leurs relations de parenté, celles-ci se basant, comme on l'a vu, sur le partage exclusif de caractères évolués ou dérivés. On abandonne les *grades* et on recherche des *clades*.

– *Encore des noms compliqués.*

Ce qui est compliqué pour nos petits esprits

humains, c'est de renoncer à ce qu'on croit connaître pour accepter une autre connaissance. La systématique phylogénétique signifie que l'on essaye de reconnaître des lignées d'espèces, des clades, et de comprendre comment ces lignées se sont séparées les unes des autres. Les relations entre ces clades dessinent un arbre dit phylogénétique ; autrement dit un arbre de parenté entre les lignées, d'où le nom de systématique phylogénétique ou cladistique.

– Comme l'arbre généalogique des rois de France.

Très bonne comparaison. Que ce soit pour les grandes familles de notre histoire comme pour ta famille, on représente la succession des parents et des enfants par un arbre de famille, sauf qu'on l'appelle arbre phylogénétique chez les systématiciens. Notre histoire de famille se construit avec les grands singes actuels, nos frères et cousins d'évolution.

– Ils sont si proches de nous ?

Oh oui ! À partir des années 1960 – donc un siècle après la publication de *L'Origine des espèces* –, on compare et on classe les espèces non plus sur la seule base des caractères des dents, des os ou des organes, mais aussi à partir des groupes sanguins et de toutes sortes de molécules, comme celles du sang qui nous servent à nous défendre contre les maladies. On le fait aussi avec les chromosomes et aujourd'hui avec ce qu'on appelle le séquençage du génome. C'est la *systématique moléculaire* qui, sans vouloir compliquer les choses, fait partie de la *systématique phylogénétique.*

– Et alors ?

L'homme, les chimpanzés, les gorilles et les orangs-outangs forment un groupe d'espèces très proches qu'on appelle les hominoïdes. Là, rien de nouveau. Mais c'est au sein de ce groupe que tout est bouleversé. Il apparaît que les chimpanzés et les hommes sont plus proches les uns des autres que des gorilles, alors que la branche la plus éloignée est celle des orangs-outangs. Les hommes, les chimpanzés et les gorilles forment le clade ou la lignée des grands singes africains appelé hominidés ; les orangs-outangs représentent la lignée ou clade des grands singes asiatiques, les pongidés.

– Qu'est-ce que cela change par rapport à la systématique évolutionniste ?

Avant, l'homme était le seul hominidé alors que tous les grands singes se retrouvaient dans le grade des pongidés. Donc les mêmes termes ou catégories de classification – qu'on appelle des taxons – n'ont pas du tout la même signification selon le type de systématique, puisque le *grade des hominidés* n'est pas du tout le *clade des hominidés*. L'autre grand changement avec la systématique phylogénétique, renforcée par la systématique moléculaire, est que, au sein du clade des hominidés africains, l'homme et les chimpanzés sont plus proches les uns des autres que des gorilles. Donc, pour dire cela en des termes plus familiers : les chimpanzés sont nos frères d'évolution ; puis les gorilles sont nos cousins comme ils sont les cousins des chimpanzés ; quant aux orangs-outangs ils sont les cousins éloignés de tous les grands singes africains, dont l'homme évidemment.

– Je comprends, mais qu'est-ce que cela change pour les origines de l'homme ?

Au lieu de chercher à reconstituer une histoire déjà écrite – l'échelle naturelle des espèces –, on peut faire des hypothèses sur nos origines. Si, comme le pensait Darwin en se référant aux travaux sur les grands singes de son ami Thomas Huxley, les chimpanzés et les gorilles sont plus proches de nous que des autres grands singes, cela implique que nous partageons un dernier ancêtre commun, le DAC.

– Le DAC ?

DAC pour *Dernier ancêtre commun*. La phylogénétique systématique permet de faire des hypothèses sur trois aspects de nos origines : la géographie, l'âge et l'identité du DAC. Pour la géographie : il est évident que si nous avons un DAC avec les chimpanzés d'aujourd'hui, les populations de ce DAC se sont forcément séparées dans le passé dans des régions géographiques voisines. Pour nos origines, c'est un peu compliqué parce que l'homme est partout sur la Terre. Mais nos frères d'évolution, les chimpanzés, vivent en Afrique et il est tout à fait probable que nos origines soient africaines.

– Mais leurs ancêtres ont pu migrer eux aussi.

Je rappelle que c'est une hypothèse qu'il faut vérifier, et c'est le rôle de la paléontologie qui recherche les fossiles. Je précise aussi que cela ne signifie pas que les chimpanzés n'ont pas évolué, mais que leur évolution se serait cantonnée à l'Afrique. En tout cas, c'est l'hypothèse que fit Darwin en 1871 et on a attendu presque un siècle pour la vérifier. Pour être exact, ce sera la découverte par Mary et Louis Leakey d'un australopithèque robuste à côté d'outils de pierre taillée à Olduvaï, en Tanzanie, en juillet 1959, qui ouvre la grande aventure scientifique de nos origines africaines.

– *Dis, c'est exactement pour le centenaire de* L'Origine des espèces *!*

Louis Leakey avait bien lu Darwin, qui avait fait la bonne hypothèse et, pour cette formidable découverte, il sera surnommé « le Darwin africain » ! Passons maintenant à l'estimation de l'âge du DAC. Nos collègues généticiens ont inventé des modèles qui permettent de proposer des âges pour la séparation des lignées. Une fois de plus, le principe est très simple. Si tu es plus proche de ton frère ou de ta sœur, c'est parce que vous partagez un plus grand nombre de caractères génétiques venus de vos parents. Ensuite, c'est avec vos cousins en raison des caractères partagés hérités cette fois de vos grands-parents. Ensuite, ce sont vos cousins éloignés sur la base des caractères légués par vos arrière-grands-parents et ainsi de suite. Plus des individus se ressemblent, comme des frères et des sœurs, plus ils partagent de caractères génétiques ; mais plus les relations de parenté sont lointaines, moins il y a de caractères génétiques communs. C'est facile à comprendre : plus on s'est séparé depuis longtemps, plus chaque lignée a accumulé de différences génétiques, autrement dit de mutations ; c'est l'*horloge moléculaire*.

– *Comment ça marche ?*

Eh bien ce n'est pas la petite aiguille qui fait le tic-tac, mais les mutations génétiques.

– *Et c'est un tic-tac régulier ?*

Ta question m'amène à parler d'une théorie apparue dans les années 1970, la *théorie neutraliste de l'évolution*. Dans tous les domaines de la science, les connaissances avancent et parfois très vite, comme en génétique. Les généticiens se sont aperçus que seule une partie de notre génome contient des gènes, c'est-à-dire des segments de chromosomes qui donnent des caractères. Ces caractères, comme on l'a vu, seront confrontés à la sélection naturelle : certains seront sélectionnés, d'autres pas. Mais à côté de ces gènes se trouvent de longs segments de chromosomes qui ne s'expriment pas. Ils sont donc neutres et peuvent muter sans être soumis à la sélection naturelle : c'est la théorie neutraliste de l'évolution. On suppose que ces mutations se font plus ou moins régulièrement, mais pas au même rythme suivant les régions du génome. Le fait qu'elles soient neutres ne garantit pas la précision d'une montre suisse, mais cela permet de faire des estimations sur l'âge de la séparation entre deux lignées.

– Et cela donne quoi entre les chimpanzés et les hommes ?

Une fourchette entre 5 et 10 millions d'années avec une estimation forte entre 5 et 7 millions d'années. Donc, grâce à la phylogénétique systématique, on propose une double hypothèse : la lignée humaine et celle des chimpanzés se seraient séparées quelque part en Afrique entre 5 et 7 millions d'années. Reste la troisième conséquence : reconstituer le DAC. Car, tu t'en doutes bien maintenant, il ne ressemblait ni à l'homme, ni au chimpanzé d'aujourd'hui. C'est comme entre tes frères et tes sœurs et vos parents. Il arrive que tel enfant ressemble plus à l'un ou l'autre parent, mais de toute façon il est différent des deux parents. C'est la même chose pour le DAC des hommes et des chimpanzés : il est possible qu'il ait ressemblé plus à l'un ou à l'autre, mais de toute façon ce n'était ni un homme, ni un chimpanzé.

– *Une fois de plus, cela me semble évident.*

En fait, ce n'est pas si évident et les paléoanthropologues ont beaucoup de difficultés à sortir du modèle ancien. Ils ont toujours tendance à voir dans le chimpanzé une image de l'ancêtre, avec la quête impossible du chaînon manquant.

– *Alors le DAC et le chaînon manquant, ce n'est pas la même chose ?*

Le chaînon manquant serait une forme intermédiaire entre le grade des grands singes à moitié redressés qui vivent dans les forêts et le grade de la famille de l'homme avec des ancêtres bipèdes marchant dans les savanes. Alors le scénario de nos origines est déjà écrit : notre ancêtre – le chaînon manquant

– s'échappe de la forêt obscure et primitive, s'engage dans la clarté de la savane, se libère de sa condition animale, etc. Avec un tel schéma en tête, les origines de la lignée humaine impliquent l'acquisition de la bipédie lors du passage de la forêt à la savane.

– *C'est ce qu'on voit dans le film* L'Odyssée de l'espèce *!*

Tu as bien compris. Le DAC quant à lui s'inscrit dans la systématique phylogénétique. Nous abordons un apport très important de la systématique phylogénétique : la reconstitution du DAC. Mais pour cela, il faut connaître nos frères d'évolution, les grands singes africains, et tout particulièrement les chimpanzés. À cause du schéma archaïque de l'échelle naturelle des espèces et de l'expression « l'homme descend du singe », on ne s'est pas intéressé à la vie de ces grands singes. C'est une autre grande aventure scientifique suscitée par Darwin, celle de l'éthologie, mais qui ne commencera qu'après le centenaire de la publication de *L'Origine des espèces*.

L'éthologie et les sciences cognitives

– *Que signifie ce terme, « éthologie » ?*

Cela vient du grec *ethos* qui veut dire les mœurs ou les habitudes, ce qui donne aussi *éthique*, qui désigne la façon de bien se comporter ensemble, avec la morale. Le terme *éthologie* est inventé par Étienne Geoffroy Saint-Hilaire en 1854. Pour la petite histoire, c'est lui qui donne le nom officiel du gorille – *Gorilla* – en 1852.

– *J'ai vu le dernier* King Kong *et le grand gorille n'est pas si méchant !*

C'est qu'entre-temps l'éthologie a fait son chemin et le réalisateur du film, Peter Jackson, en a tenu compte. Et puis, il y a eu d'autres films formidables, comme *Gorilles dans la brume*, sur la vie tragique de Diane Fossey.

– *Qui était Diane Fossey ?*

Une grande éthologue qui étudia les gorilles des montagnes au Rwanda. Elle fait partie d'un petit groupe de femmes extraordinaires, avec Jane Goodall, Biruté Galdikas et d'autres encore, dont les recherches ont bouleversé les origines de notre lignée. On les appelle « les trois Anges de Leakey », car c'est lui qui les a soutenues dans leurs études, si difficiles, sur les gorilles, les chimpanzés et les orangs-outangs dans leurs milieux naturels.

– Elles étaient les premières ?

L'histoire de l'éthologie est récente. Il y a eu des travaux importants dès le début du XXe siècle, mais le grand envol de la discipline se fait dans les années 1950 avec des équipes japonaises, américaines et anglaises.

– Et les grands singes ? Au fait, pourquoi « grands » singes ?

Les plus grands singes cercopithécoïdes ne dépassent pas 40 à 50 kilogrammes. Mais les chimpanzés, les gorilles, les orangs-outangs et les hommes sont plus grands et gros. Les plus corpulents sont les gorilles avec des mâles d'une stature moyenne de 1,80 mètre et d'un poids de 160 à plus de 200 kilogrammes. Les femelles ne dépassent pas 1,50 mètre et pèsent deux fois moins. Ensuite viennent les hommes avec, toujours en moyenne, des mâles d'une stature entre 1,65 et 1,80 mètre et un poids entre 60 et 80 kilogrammes alors que les femmes sont, toujours en moyenne, moins grandes et moins corpulentes. Viennent ensuite, par ordre de taille décroissante, les orangs-outangs. Les mâles mesurent moins de 1,10 mètre pour 70 à 90 kilogrammes. Les femelles sont beaucoup plus petites, moins de 80 à 90 centimètres pour 40 à 50 kilogrammes. Il s'agit de moyennes et, comme tu le sais, il existe de fortes variations autour de ces chiffres. Mais en biologie, c'est la moyenne qui importe. Tu remarques que la différence de taille est beaucoup plus importante entre les deux sexes chez les gorilles que chez les hommes, ce qu'on appelle le *dimorphisme sexuel*.

– C'est bizarre, je les voyais bien plus grands.

On ne se rend pas compte que l'homme est une des plus grandes espèces animales ayant vécu sur la Terre. Passons aux chimpanzés, les plus petits des grands singes actuels. Il y a deux types de chimpanzés, les robustes et les graciles.

– Et les bonobos ?

Ce sont les chimpanzés graciles, qu'on a appelés aussi chimpanzés nains, mais à tort. Pour faciliter la présentation, je dirai chimpanzés pour les chimpanzés robustes (*Pan troglodytes*) et bonobos pour les chimpanzés graciles (*Pan paniscus*). Il y a des fortes variations de taille corporelle entre les différentes populations de chimpanzés robustes. En moyenne donc, ils mesurent entre 90 et 100 centimètres et pèsent entre 40 et 60 kilogrammes pour les mâles. Les femelles dépassent rarement 80 centimètres pour 30 à 40 kilogrammes. Quant aux bonobos, ils sont plus longilignes, avec un crâne plus petit, et leur poids se compare à celui des autres chimpanzés (pas des plus gros bien sûr). Le dimorphisme sexuel est plus marqué chez les chimpanzés robustes que chez les graciles. Désolé pour ce petit catalogue, mais on en aura besoin pour reconstituer le DAC et le comparer aux plus anciens représentants fossiles de la lignée humaine.

– Alors comment vivent ces grands singes ?

On ne s'intéressera qu'aux grands singes africains. Les gorilles vivent principalement dans de petits groupes plus ou moins isolés les uns des autres avec le plus souvent un mâle entouré de plusieurs femelles, ce qu'on appelle un harem, parfois avec deux mâles, un père et son grand fils, mais c'est rare. Ils n'ont pas vraiment de territoire. Leur régime alimentaire se compose principalement de feuilles, d'écorces et de fruits. Les gorilles des montagnes, à l'est du Congo, au Rwanda et au Burundi, sont les plus grands et ils ne trouvent à manger que des aliments fibreux : feuilles, lianes, écorces. Les gorilles de plaines, un peu plus petits, consomment beaucoup plus de fruits. La vie sociale des gorilles est simple et paisible, les grands mâles protègent le groupe contre les agressions et maintiennent l'harmonie en son sein.

– *Rien à voir avec* King Kong. *Et les chimpanzés ?*

Ils vivent dans des communautés composées de plusieurs dizaines d'individus avec plusieurs mâles et femelles adultes et leurs enfants. C'est exactement comme dans les sociétés humaines avant l'invention des cités. Mieux encore, dans ces communautés, les mâles sont apparentés. Cela veut dire qu'ils passent toute leur vie dans le groupe où ils sont nés et qu'ils restent sur le même territoire. En revanche, ce sont les femelles qui quittent leur communauté pour se reproduire à la fin de leur adolescence. Il en est de même dans les sociétés humaines traditionnelles où, au moment du mariage, la femme quitte sa famille pour aller vivre dans celle de son mari.

– C'est comme ça chez tous les singes ?

Justement non. On observe que chez presque toutes les espèces, comme les babouins, les femelles restent ensemble alors que ce sont les mâles qui migrent à la fin de l'adolescence. Il y a peu d'exceptions, dont les sociétés de chimpanzés et les sociétés humaines.

– Les chimpanzés ne mangent que des bananes ?

Les chimpanzés mangent des fruits, parfois des fleurs et de jeunes feuilles, et des insectes. Ils chassent des petites antilopes, des lièvres, de petits cochons et surtout d'autres singes, comme des colobes mangeurs de feuilles. Certaines communautés pratiquent plus la chasse que d'autres. Ils ne se saluent pas ou ne s'épouillent pas de la même façon d'un groupe à l'autre, exactement comme entre les populations humaines où, ici ou là, on se serre la main, on s'embrasse... De même pour les habitudes alimentaires, puisque les populations de chimpanzés d'Afrique de l'Ouest utilisent des outils de pierre pour briser des noix et chassent très souvent alors que ce n'est pas le cas pour celles de l'Est. Chez des populations voisines, on préfère manger des termites au lieu de fourmis ou l'inverse. Ces habitudes alimentaires sont apprises, comme chez nous. Les chimpanzés utilisent soixante-dix types d'outils végétaux – brindilles, bâtons en bois, feuilles, écorces… – et, dans quelques populations, des pierres pour briser des noix très dures. En raison de toutes ces différences entre communautés, on parle de cultures.

– Donc quand on dit que « l'homme, c'est l'outil », ce n'est pas vrai.

On peut toujours discuter sur les définitions, mais les chimpanzés utilisent et fabriquent des outils. Le plus étonnant est qu'une fois de plus Darwin en parle dans son livre de 1871, et que personne ne l'a relevé ou n'a voulu le relever. L'idée de culture chez les chimpanzés a été fermement établie dans un article de 1999, dans lequel les éthologues ont fait des comparaisons entre différentes communautés étudiées depuis au moins une vingtaine d'années. Plus récemment encore, on a découvert des sites archéologiques en Côte d'Ivoire avec des pierres qui ont servi à casser des noix. Ils datent de plus de 6 000 ans et cela signifie que les chimpanzés de cette époque, les mêmes que ceux d'aujourd'hui, pratiquaient le cassage de noix à l'aide de pierres et que cette pratique, transmise par tradition, est multimillénaire.

– Mais la culture, ce n'est pas que l'outil de pierre ?

On vient de le voir, comme dans les cultures humaines, les façons de manger, de se toiletter, de se saluer, de s'épouiller, de séduire les femelles, de manger tel ou tel type de nourriture diffèrent d'un groupe à l'autre et ces différences sont acquises selon les traditions de chaque communauté. Ce sont les fondements des cultures.

– Tu es sûr qu'on parle de culture ?

Ce que les éthologues appellent un comportement culturel, c'est l'invention de nouveaux comportements qui se diffusent dans le groupe, se transmettent de génération en génération (ce qu'on appelle une tradition), et qui connaissent des modifications au fil des générations et entre les groupes. Et c'est bien ce qu'on observe entre les différentes populations de chimpanzés. Ces comportements ne sont pas inscrits dans les gènes. Ils sont transmis et appris au sein du groupe social. On parle de culture, selon une définition assez simple, mais comment l'appeler autrement, même si cela reste une question de définition ?

– Il ne manque donc aux chimpanzés que la parole.

Plusieurs programmes de recherche avec des chimpanzés, des bonobos, mais aussi quelques gorilles et orangs-outangs, ont révélé qu'ils apprennent facilement le langage des hommes enseigné par des signes, comme celui des sourds-muets, ou à l'aide de symboles, comme des dessins inscrits sur les touches d'un clavier d'ordinateur. Ils apprennent même plus vite que les petits humains jusqu'à l'âge de 2 ans, puis ils stagnent alors que les petits humains progressent très vite après cet âge.

– Nous sommes tout de même plus doués pour la parole !

Évidemment, parce que c'est notre langage. Mais serions-nous aussi doués pour nous exprimer comme eux ? Je ne dis pas qu'ils ont des moyens de communication aussi complexes que notre langage, mais on les juge selon des critères humains et aucun animal, aussi doué soit-il, ne peut être aussi humain que nous. Ces expériences nous révèlent que les grands singes et surtout les chimpanzés partagent avec nous des capacités mentales – on dit cognitives – très complexes. Leur langage ne dépasse pas ce qu'on appelle « le langage Tarzan » qui permet d'exprimer des choses simples : des désirs, des volontés, des colères, des envies… Mais c'est considérable ! D'ailleurs notre langage n'exprime pas toutes les formes de la pensée, ni toutes les formes d'intelligences. Les chimpanzés se livrent à des intrigues sociales aussi complexes que chez les hommes, notamment pour séduire, mentir, se réconcilier, faire des alliances, monter des coalitions et faire de la politique.

– Mais connaissent-ils aussi la peine, la joie, la souffrance, le rire ?

Ils éprouvent de l'empathie, la capacité de

comprendre l'autre, et aussi de la sympathie, la capacité de partager les sentiments de l'autre. Par conséquent, ils peuvent être joyeux ou tristes, rire et pleurer, et partager les sentiments de liesse et de peine avec les autres. Cela veut dire qu'ils ont conscience d'eux-mêmes, de l'autre et aussi du groupe, car chez eux existent des notions de bien et de mal, très simples, mais c'est le début de la morale. Par contre, on connaît peu de chose sur leur perception de la mort, bien que quelques rares scènes observées suggèrent qu'ils se comportent de façon très particulière quand l'un des leurs vient de mourir.

– C'est pareil chez les bonobos ?

Les bonobos sont aussi des chimpanzés et on retrouve presque tous ces caractères sociaux, comportementaux et cognitifs, mais avec des différences parfois importantes. Chez les bonobos, les femelles dominent plus la vie sociale. Ils se montrent beaucoup moins violents et ils évitent les conflits en faisant l'amour.

– Ah bon ?

C'est pour cela qu'ils sont si populaires. On

les appelle les singes de Vénus, tandis que les chimpanzés robustes sont les singes de Mars. Tu devines pourquoi ?

– Oui, Vénus la déesse de l'amour et Mars le dieu de la guerre.

Pour reprendre une expression célèbre, chez les bonobos la devise serait « faites l'amour et pas la guerre ». Il est vrai que les chimpanzés, comme les hommes, sont les seules espèces connues capables de se faire la guerre, c'est-à-dire de former des coalitions d'individus, la plupart du temps des mâles, plus rarement avec des femelles, pour agresser leurs voisins et, parfois, les tuer. Les bonobos ne font pas cela, mais ils restent proches des hommes et des chimpanzés et leur société connaît aussi des violences.

– Et concernant les outils et la chasse ?

Il leur arrive de chasser, notamment d'autres singes et de petites antilopes. Ils utilisent aussi quelques outils, mais de façon très irrégulière et on ne parle pas de culture chez les bonobos. On ne les a pas observés depuis assez longtemps pour répondre précisément à cette question.

– Ils sont moins doués que les chimpanzés ?

Ce ne semble pas être le cas pour l'apprentissage du langage. Mais cela dépend tellement des individus : certains sont plus doués que d'autres, comme chez nous. Méfions-nous de nos jugements trop hâtifs. Comme je n'ai cessé de le répéter, on s'est posé ces questions très récemment et tout ce que je viens de te dire est connu depuis quelques années seulement. On les a ignorés trop longtemps, voire méprisés, comme nos origines.

Des gènes et des neurones

– Toutes ces découvertes, ça change beaucoup de choses pour les origines de la lignée humaine ?

En effet, car il s'agit ni plus ni moins de la reconstitution du DAC. Avec la théorie synthétique et la notion de grade, on se contentait de l'ignorance des grands singes et tout arrivait comme par miracle dans la savane. Avec l'adoption de la systématique phylogénétique et les avancées de l'éthologie, on se retrouve avec des hypothèses radicalement différentes. Du coup, cela nous emmène en Afrique et il devient fort probable que les origines de la lignée humaine sont à rechercher dans des milieux plus arborés que la savane.

– *Si on a un DAC avec les chimpanzés, tout ce que tu viens de me dire sur leurs comportements, leur vie sociale comme sur les capacités mentales, cognitives comme tu dis, qu'ils partagent avec nous, cela veut dire qu'à l'origine tout cela existait chez le DAC.*

Tu as très bien compris et ce sera notre hypothèse de travail pour reconstituer nos origines communes. Puis, à partir de ces origines communes, leur lignée comme la nôtre évolueront en divergeant, donc en acquérant de nouveaux caractères et en en abandonnant d'autres.

– *Autre chose : si les chimpanzés sont les plus proches de nous, c'est bien parce que nous partageons le plus grand nombre de gènes avec eux ?*

C'est exact.

– *J'ai entendu dire que nous partageons 99 % de nos gènes. Donc cela fait 1 % de différence. Mais si on a beaucoup de gènes, cela peut faire beaucoup de gènes différents !*

L'homme n'est pas un chimpanzé avec 1 %

de gènes qui font toute la différence. Si j'étais un chimpanzé, je dirais exactement l'inverse. Il faut comprendre que ces 1 % de différences se divisent en gros 0,5 % du côté de la lignée des chimpanzés et 0,5 % du côté de la lignée des hommes depuis notre DAC. Les chimpanzés pas plus que les hommes ne sont restés en panne d'évolution. Maintenant 1 % de quoi ? Il n'y a pas si longtemps, on disait que comme l'homme est une espèce très complexe, son génome devait avoir un très grand nombre de gènes, entre 200 000 et 300 000. En 2003, les généticiens publient le séquençage du génome humain. Et là, grosse surprise, le génome de l'homme ne compte qu'environ 25 000 gènes. Puis en 2005 arrivent les résultats pour le séquençage du génome du chimpanzé et, évidemment, ils ont aussi peu de gènes que nous.

– Cela explique bien toutes nos ressemblances, mais c'est un peu court pour expliquer toutes nos différences.

C'est encore plus surprenant que cela. Les 1 % de différences comptent pour tout le génome, tout l'ADN. Mais on sait que seule une partie de tout cet ADN s'exprime. Par exemple, on sait que les gènes responsables de la formation de nos organes comme le foie, la rate, le cœur... sont identiques à 94 % avec ceux des chimpanzés. En revanche, toujours dans l'état actuel de ces études, l'ensemble de gènes impliqués dans le développement de notre cerveau a considérablement évolué, en tout cas bien plus que chez les chimpanzés, ce qui n'est pas très surprenant. Mais n'allons pas trop vite car les études sur l'évolution de notre génome ne font que commencer.

– Si je comprends bien, nous sommes génétiquement tellement proches que, pour expliquer ce qui nous distingue des chimpanzés, il faut trouver le gène du langage, de la bipédie ou c'est plus compliqué ?

Il y a toujours cette tentation de vouloir trouver le caractère magique, en l'occurrence le coup de baguette génétique, qui dégage l'homme de l'animal ou du singe. Ces croyances naïves reposent le plus souvent sur l'ignorance des mécanismes de l'évolution, de la génétique et surtout de ce que sont réellement les différences connues entre les chimpanzés et les hommes. On entend encore trop souvent :

« l'homme, c'est Ceci ou Cela » avec de grandes majuscules comme « l'homme, c'est la Bipédie » ; « l'homme, c'est l'Outil » ; « l'homme, c'est le gros Cerveau » ; « l'homme, c'est le Langage » ; « l'homme, c'est la Chasse »... L'éthologie a fait tomber toutes ces affirmations. Alors vouloir trouver un gène qui les rétablisse n'a aucun sens. Il n'y a pas de mutation miraculeuse !

– Mais il reste une grande différence, comme le langage.

L'homme n'est pas un grand singe avec quelque chose en plus. Il est évident que notre langage autorise des modes de communication, d'échange et de pensée qu'on ne retrouve pas chez les grands singes. Mais il n'existe pas dans notre cerveau de « centre » ou de « module » du langage, comme si nous avions un morceau de cerveau en plus.

– Pourtant, j'ai entendu parler des « aires du langage ».

Du temps de Darwin, un très grand médecin et anthropologue français, Paul Broca, découvre chez des patients ayant des troubles du langage qu'une partie de leur cerveau gauche, sous l'os temporal, est détériorée. L'aire de Broca, comme on l'appelle désormais, est essentielle pour le langage, comme une autre dite de Wernicke, mise en évidence un peu plus tard.

Dans les années 1960, le linguiste Noam Chomsky affirme que l'homme possède un module cérébral spécifique pour le langage. On a compris cela comme un module physique ou une partie supplémentaire. En fait, il fallait comprendre que l'homme, au cours de son évolution, a acquis un « module cognitif » impliqué dans le langage.

– Tu peux m'expliquer la différence ?

Je vais faire une comparaison avec les ordinateurs et les logiciels. Un ordinateur se compose de parties dures – le *hardware* – avec le clavier, la souris, l'écran et les différents composants électroniques comme les cartes mémoire, son, vidéo, etc. Dans la conception classique de « l'homme animal-plus », notre cerveau aurait une pièce de hardware supplémentaire. Or, ce n'est pas le cas.

– Donc il n'existe aucune différence dans la construction du cerveau entre nous et les grands singes.

Il n'y a pas de différence pour les parties, ce

qui ne veut pas dire que ces parties ne peuvent pas être plus ou moins développées. Tu peux avoir des cartes mémoire ou vidéo plus ou moins performantes. Il faut aussi rechercher des différences ailleurs, dans les logiciels, le *software*. Les logiciels utilisent les composantes dures de l'ordinateur et effectuent des tâches plus ou moins complexes. Ils sont « l'intelligence » de l'ordinateur. Donc, le module du langage de Chomsky n'est pas une composante dure supplémentaire du cerveau de l'homme, mais un logiciel plus performant, beaucoup plus performant en ce qui concerne le langage, ce qui implique aussi que certaines régions cérébrales sont plus développées.

– Alors, les différences entre l'homme et le chimpanzé concernent plus le hardware *ou le* software *?*

Un peu des deux, tout en rappelant que nous avons les mêmes composantes de *hardware*. On sait depuis un peu plus d'une dizaine d'années que les chimpanzés ont aussi l'équivalent d'une aire de Broca, certes modeste, mais bien présente. Au cours de notre évolution, cette région du cerveau s'est considérablement développée. On retrouve la même chose pour le logiciel du langage. Les capacités cognitives qui interviennent dans la construction du langage existent aussi chez les chimpanzés, mais elles se sont complexifiées chez nous. Les recherches sur l'apprentissage du langage chez les grands singes montrent qu'ils acquièrent assez rapidement des expressions simples, sans être capables de faire des phrases élaborées, ni d'exprimer des idées compliquées. Ce qui importe du point de vue de nos origines communes, c'est que les grands singes, et notamment les chimpanzés, disposent d'un *hardware* et d'un *software* qui, comme chez l'homme, permettent des modes de représentation et de communication sophistiqués. Les expériences avec les grands singes montrent qu'ils peuvent apprendre des centaines de mots et communiquer, certes simplement, sur ce mode. Et pourquoi ? Tout simplement parce qu'ils possèdent, eux aussi, des aires cérébrales identiques à notre aire de Broca. On ne le sait que depuis une dizaine d'années ; mais on a mis du temps à s'en rendre compte.

– *Évidemment, on voit mal comment un seul gène ou une mutation pourrait faire émerger le langage.*

Pourtant, je lis ce genre de commentaire à propos du gène « foxp2 ». Une mutation de ce gène entraîne de grosses difficultés pour parler puisqu'elle affecte l'anatomie du larynx et de la mandibule, ainsi que la région du cerveau impliquée dans le langage. Mais il ne s'agit pas du « gène du langage », car il n'y a pas de gène du langage – fonction très complexe reposant sur des capacités cognitives utilisées dans d'autres activités comme la fabrication d'outils. Imagine qu'on propose un gène de la fabrication de la pierre taillée ! Le plus important à propos de ce gène foxp2 est qu'il existe bien des bases génétiques pour le langage – mais pas un seul gène – et que ces gènes modifient toute l'anatomie : celle des os, des muscles, des ligaments et du cerveau. Mais un seul gène ne peut pas s'occuper que d'une partie du cerveau ou de l'organisme. Les chiffres parlent d'eux-mêmes : 25 000 gènes pour 100 milliards de neurones et des centaines de milliards de connexions entre ces neurones !

– J'essaye de comprendre, mais c'est compliqué. Alors comment expliquer que nous soyons quand même si différents des chimpanzés si nous avons si peu de différences pour nos gènes ?

Tu as entendu parler de Racine et de Molière ?

– Si tu n'as pas donné ces noms à des chimpanzés, ce sont nos grands auteurs classiques.

Il s'agit bien d'eux. Ils étaient contemporains et se connaissaient. L'un a écrit des tragédies, l'autre des comédies. Il y a une vingtaine d'années, des chercheurs en littérature se sont demandé si ces deux auteurs n'étaient pas un seul et même écrivain de génie.

– Quelle idée ! Et pourquoi ?

Ces chercheurs ont fait comme les généticiens pour le séquençage du génome de l'homme et des grands singes, mais avec le vocabulaire des textes de ces auteurs. Il ressort que ce vocabulaire ne contient que quelques centaines de mots et quasiment les mêmes. Donc, avec le même vocabulaire, l'un écrit des tragédies, l'autre des comédies. Les très grandes différences entre les deux auteurs ne se situent pas au niveau du vocabulaire, mais dans la façon d'agencer ce vocabulaire. On peut ainsi comprendre la quasi-identité du génome de l'homme et du chimpanzé : un vocabulaire identique, et des évolutions qui, dans la façon de combiner les gènes et leurs expressions, aboutissent à des espèces à la fois très proches et très différentes.

– Donc, il faut arrêter de voir les chimpanzés, ou les grands singes en général, comme nos ancêtres et comprendre que ce qui nous distingue ne se réduit pas à quelques gènes et encore moins à une quelconque « partie en plus », ce que tu critiques en disant que le chimpanzé n'est pas un homme avec quelque chose en moins ou l'homme un chimpanzé avec quelque chose en plus.

C'est bien cela.

La sociobiologie et la psychologie évolutionniste

Est-ce que les comportements sont sélectionnés eux aussi ?

Si on fait comme Darwin et que l'on s'intéresse au travail des éleveurs d'animaux, nous savons que certaines races de chien, par exemple, ont tendance à être plus agressives, d'autres plus douées pour la chasse, etc. Comme le dit la sagesse populaire : « Les chiens ne font pas de chats. » Quand tu donnes un os ou un bout de pain à un chien, il peut le manger ou aller l'enterrer, même s'il n'a jamais vu un autre chien le faire. Les chats ont la bonne habitude d'ensevelir leurs excréments, et on aimerait que les chiens en fassent autant.

– *Et c'est pareil pour les singes et pour les hommes ?*

On a vu que l'évolution découle du succès reproducteur différentiel des individus. Si on en reste à l'individu, tout s'explique par le succès reproducteur individuel. Seulement, ce n'est pas l'individu qui évolue, mais la fréquence relative des gènes d'une génération à l'autre. Dans ce cas, si on se place du point de vue des gènes, leur diffusion ne passe pas seulement par le succès reproducteur individuel, mais aussi par celui des proches parents, ce qu'on appelle la parentèle ou la fratrie. Cela permet de comprendre des comportements d'entraide, de soutien et de solidarité entre des individus apparentés, ce qu'on appelle l'*altruisme*, l'opposé de l'égoïsme.

– Tu veux dire que ce sont mes gènes qui me conduisent à soutenir mes proches parents ?

Imagine que tu fasses partie d'un groupe de singes, comme les vervets ou « singes verts » qui vivent dans les savanes arborées d'Afrique. Ces singes redoutent trois prédateurs : les pythons, les léopards et les aigles. Face à ce danger, ils ont inventé trois cris : l'un pour prévenir de l'approche d'un prédateur qui rampe à terre, l'autre pour un prédateur qui court rapidement et capable de monter dans les arbres, l'autre pour une menace planant dans le ciel. Dans le premier cas, la troupe monte dans un arbre ; dans le second cas, ils se réfugient sur les branches les plus hautes ou les plus minces, là où le léopard ne peut pas les suivre ; dans le troisième cas, ils se cachent au milieu de la couronne de l'arbre.

– Tu as bien dit qu'ils ont inventé ces cris ?

Les jeunes apprennent ces cris, et comment les utiliser, auprès des adultes. Ce n'est pas du langage, mais on s'en approche. Maintenant, imagine que tu sois l'un de ces singes vervets et que tu voies arriver un léopard. Si tu pousses un cri, tu signales ta présence au prédateur et tu risques d'être sa prochaine victime. Seulement tu n'es pas seul, et autour de toi se trouvent des parents, des frères et des sœurs avec lesquels tu partages un grand nombre de gènes. En les prévenant, tu prends un risque et, même si tu te fais attraper, tu auras sauvé tes proches et les gènes qu'ils partagent avec toi.

– Je ne comprends pas, car si mon frère ou ma sœur se fait dévorer, cela revient au même pour les gènes, et en plus je survis.

C'est exact d'un point de vue individuel, mais pas au niveau du gène. Tu mets en danger ton *succès reproducteur individuel*, mais tu favorises le succès reproducteur de tes proches parents, ce qu'on appelle la *sélection de parentèle*. Car de toutes les façons, ce sont les gènes qui passent d'une génération à l'autre. Les individus meurent, pas leurs gènes s'ils se sont reproduits. Selon une expression célèbre, les individus, donc toi et moi, ne sont que des « valises destinées à transporter des gènes ».

– Dur pour notre ego !

Inutile de te dire que la conception la

plus extrême de cette théorie, celle du « gène égoïste », a soulevé de grosses polémiques parmi les évolutionnistes. Ainsi, tous nos agissements, même les plus nobles, les plus moraux, les plus solidaires, ne seraient guidés que par la stratégie de diffusion des gènes. Bien évidemment, cela ne veut pas dire que les gènes agissent consciemment en égoïstes.

– Alors cela veut dire qu'on a des gènes qui font que nous sommes gentils ou méchants.

C'est là toute la question d'une discipline qu'on appelle la *sociobiologie*. Elle défend l'idée que les différents comportements reposent sur des gènes. Cela marche pour des espèces aux comportements assez simples, comme les fourmis ou les termites. Mais c'est loin d'être évident pour des espèces plus complexes, comme les mammifères et les oiseaux. Les singes vivent en groupes avec des individus non apparentés. Alors si un individu donne l'alarme, cela ne bénéficie pas qu'à ses proches. Les avancées des connaissances en éthologie et en génétique remettent en cause les idées parfois simplistes – et réductionnistes – de la sociobiologie. Cependant, elles ont permis de mieux comprendre les comportements et leur évolution.

– *Donc, la sociobiologie a servi à quelque chose.*

La sociobiologie a soulevé des questions importantes trop longtemps délaissées et, en suscitant de vifs débats, a permis de grandes avancées théoriques et concrètes, notamment en éthologie. Il ne s'agit pas de sombrer dans le réductionnisme (un gène = un comportement), mais de tenter de comprendre comment des comportements d'altruisme et d'entraide peuvent se diffuser et évoluer alors que les individus poursuivent des intérêts égoïstes. Au passage, je ne te cache pas que le principe du comportement égoïste des individus mériterait aussi d'être discuté. Quoi qu'il en soit, la sociobiologie conduit à observer avec plus d'attention le succès reproducteur des individus et les relations de parenté entre les individus d'un même groupe. C'est comme cela qu'on s'est aperçu que chez la majorité des espèces de singes les femelles apparentées et nées au sein de leur groupe y restaient toute leur vie, la conséquence étant que les mâles doivent migrer à la fin de leur adolescence pour se reproduire.

– Il y a donc toujours un sexe qui s'en va pour se reproduire ?

Un des deux sexes est dit *exogame* pour ceux qui partent ; l'autre est dit *endogame*.

– On peut dire que c'est inscrit dans les gènes ?

Ou dans les chromosomes. Comme tu le sais, chez les mammifères, le sexe est déterminé par une paire de chromosomes X et Y : les femelles sont XX et les mâles XY. Alors peut-on dire que les XX restent dans la famille et que les XY quittent la famille ? S'il en était ainsi, comment expliquer toutes les variations et les exceptions connues, à commencer chez les chimpanzés et les hommes avec leurs communautés de mâles endogames ? Car, chez les chimpanzés et les hommes, contrairement aux autres espèces de singes, ce sont les femmes ou les femelles qui quittent leur groupe natal pour se reproduire. D'ailleurs, chez l'homme comme chez les chimpanzés, on connaît des exceptions. Dans la communauté des chimpanzés de Gombe en Tanzanie, il existe un clan, le clan F, avec des femelles qui ne s'en vont pas à l'adolescence.

– Pourquoi ?

Ces femelles appartiennent à un clan dominant et elles n'ont aucun intérêt à aller ailleurs. Mais cela pose des problèmes puisqu'elles peuvent être courtisées par des mâles de leur parenté.

– Quels problèmes ?

Celui de la consanguinité et celui de l'inceste. Plus des individus sont génétiquement proches, plus ils ont de risques d'avoir des enfants avec des problèmes. Ils mettent en danger leur succès reproducteur et finissent par être désavantagés. Au fil du temps, survivent les enfants issus d'unions entre des individus génétiquement éloignés alors que les autres finissent plus ou moins par disparaître. Cela explique pourquoi la très grande majorité des espèces pratique l'exogamie de l'un ou l'autre sexe. C'est un très bel exemple d'évolution de la génétique et du comportement, dans lequel intervient aussi la sélection sexuelle pour le choix des partenaires.

– Donc il n'y a pas de gène pour l'exogamie ?

Nous dirons simplement que les comportements reposent sur des bases génétiques complexes dont on est loin d'avoir bien compris les mécanismes.

– Mais pourtant tu as bien dit que nous partageons beaucoup de comportements avec les chimpanzés, et que nous avons très peu de différences génétiques. Il est donc normal qu'il y ait des relations entre les gènes et les comportements.

Je suis bien d'accord, mais la question est de savoir comment se transmet un comportement car, d'un côté, on a très peu de gènes et, de l'autre, des comportements plus diversifiés et plus complexes. Les sciences se sont longtemps cassé les dents sur cette question, entre d'un côté des animaux qui n'auraient que des instincts, l'inné, et qui seraient donc prisonniers de leurs gènes ; et, de l'autre, des hommes qui n'auraient aucun instinct et seraient le fruit de la culture, ce qu'on appelle l'acquis.

– C'est quoi l'inné et l'acquis ?

L'inné, comme l'indique ce terme, c'est tout ce que nous avons à la naissance ; l'acquis est tout ce que nous acquérons après la naissance. Je prends deux exemples, la marche debout ou bipédie, et le langage. Si tu compares un homme et un chimpanzé d'aujourd'hui, tu te dis que le premier est né pour marcher debout et l'autre pour se déplacer dans les arbres et marcher à quatre pattes une fois au sol. Il ne fait aucun doute que le petit humain vient au monde avec la capacité de marcher debout – c'est inné –, mais cela ne se fera pas sans apprentissage et surtout sans le modèle de ses parents et de ses proches – c'est l'acquis. On naît avec la capacité d'être bipède, mais on doit apprendre à l'être. Il existe de nombreux cas d'enfants ayant été abandonnés et qui ont survécu, parfois seuls, comme le cas célèbre de Victor de l'Aveyron au XIXe siècle, qu'on a appelé « l'enfant sauvage », en compagnie des loups…

– *Comme Mowgli dans* Le Livre de la Jungle *!*

Rudyard Kipling, l'auteur de cette belle histoire, avait entendu parler de ces « enfants-loups ». Il faut comprendre que, depuis que notre lignée s'est séparée de celle des chimpanzés, nos ancêtres ont acquis des caractères qui nous sont propres, comme notre bipédie, aussi particulière qu'efficace. Donc, toi et moi sommes nés avec l'aptitude à être de formidables bipèdes. Mais nous avons commencé notre vie à quatre pattes et il nous a fallu quelques années pour apprendre à bien marcher et courir aussi. Sans notre environnement familial et social, nous serions restés à quatre pattes, ce qui arrive aux enfants sauvages. Inversement, de jeunes grands singes élevés parmi les hommes auront tendance à marcher debout bien plus souvent. Mais ils n'acquièrent pas notre bipédie perfectionnée ; ils ne possèdent pas à la naissance cette aptitude puisque l'évolution de leurs ancêtres n'a pas favorisé ce mode de locomotion.

– Mais comment la bipédie est-elle devenue innée ?

Là, c'est la question qui tue ! On ne sait pas. Autre exemple, nous naissons avec un « instinct du langage », avec l'aptitude à communiquer grâce au langage articulé. Un nouveau-né apprend le langage de la famille et de la société dans laquelle il passe ses premières années. Il naît avec l'instinct de parler, mais pas de parler telle ou telle langue. Un enfant né de parents anglais apprendra parfaitement le chinois s'il est adopté et élevé par des parents chinois dès sa naissance. Mais plus tard, s'il veut apprendre l'anglais, il aura un accent chinois.

– *Et pour les enfants sauvages ?*

S'ils ont été abandonnés très jeunes, ils auront les pires difficultés à apprendre à parler.

– *Pourtant, ils ont bien un « instinct du langage » comme tu l'as dit !*

Je remarque par tes questions qu'il existe aussi un « instinct scientifique » qui, comme le langage, se perd ou se développe avec l'éducation. Nous naissons avec l'aptitude à parler, un héritage venant de notre évolution. Mais un jeune enfant n'apprend pas à parler s'il est isolé socialement.

– *Et pour les grands singes ?*

On l'a vu, ils apprennent très vite les bases de notre langage, mais pas de façon articulée, parce que leur larynx, là où se trouvent les cordes vocales qui modulent les sons, se situe trop haut dans le pharynx, ce que nous appelons la gorge.

– *Alors ils n'ont pas notre instinct du langage.*

Ils partagent avec nous des capacités cognitives pour s'exprimer par un langage symbolique – par gestes ou par touches d'ordinateur. C'est un héritage de notre dernier ancêtre commun. Puis, au cours de leur évolution, ils ont développé certaines possibilités et pas d'autres. Donc, nous partageons avec les chimpanzés – et d'autres grands singes – la capacité de s'exprimer à l'aide de symboles. Puis, au cours de notre évolution, nous avons acquis des capacités de plus en plus complexes au niveau cérébral, mais aussi la possibilité d'articuler les sons grâce à la descente du larynx dans la gorge. Tel est notre « instinct du langage », mais qui ne s'exprime que si l'environnement familial et social le sollicite. Le fait que nous progressions si vite dans nos jeunes années, et plus difficilement après, montre que cette formidable aptitude est contrainte, ce qui veut dire que la génétique du développement impose des périodes de la vie plus sensibles pour apprendre.

– Pas simple. Dis-moi, comment marcher debout et parler sont devenus des « instincts » ?

On parle d'*épigénétique*, en d'autres mots ce qui se passe « au-dessus » des gènes. On hérite des gènes, mais aussi de la façon dont doivent s'exprimer ces gènes, notamment pour la combinaison de leurs expressions.

– Et on sait comment ça marche ?

On commence à mieux comprendre comment se construisent les interactions entre les gènes et l'environnement. Mais on en est encore loin pour les comportements et les capacités cognitives, surtout pour les caractères qui permettent de nous adapter à de nouvelles situations, les plus importants pour des espèces comme les chimpanzés et nous. C'est compliqué, je te l'accorde, mais cela est tout de même plus facile à comprendre que ces histoires inné-animal ou acquis-homme qui, au passage, ne reposaient sur aucune connaissance de ce que sont les animaux, à commencer par les grands singes, et même l'homme.

– Mais, par exemple, les différences entre les filles et les garçons sont liées aux chromosomes ?

Une fois de plus, on ne se pose les bonnes questions que depuis peu de temps. Chez les chimpanzés, les femelles apprennent à être des mamans. Dans leur jeunesse, elles sont attirées par les tout-petits et jouent « à la poupée » sous le regard très attentif de leur mère. Les petits mâles s'intéressent plus aux jeux de pouvoir des grands mâles. Mais il y a des femelles plus douées pour la politique que pour l'éducation et des mâles qui adorent s'amuser avec les jeunes. Au sein de la communauté, les jeunes apprennent les habitudes et les coutumes. S'il y a des cultures, comme on l'a vu, cela veut dire qu'il y a apprentissage en passant par l'imitation, l'observation, l'éducation et aussi par des récompenses et des punitions. Mais les différences de comportements entre les deux sexes restent très marquées par la génétique, même chez l'homme.

– On sait comment cela se transmet d'une génération à l'autre ?

Il y a quelques années, des chercheurs sur le cerveau – des neurobiologistes – ont découvert que les hommes, les grands singes et les singes – donc les simiens – possèdent des « neurones-miroir ». Ces neurones reproduisent une « image cérébrale » de ce que les yeux voient. Cela explique pourquoi les simiens se montrent si doués pour l'imitation. Quand nous apprenons un nouveau sport, par exemple, nous reproduisons mentalement les gestes et les mouvements en observant ceux qui savent faire, et tout particulièrement l'entraîneur. Dès qu'un nouveau champion ou une nouvelle championne s'impose, tous les autres tentent de faire la même chose. Évidemment, cela ne suffit pas pour devenir bon, car il faudra aussi que l'entraîneur intervienne pour ajuster ton apprentissage et, surtout, développer tes propres qualités.

– *C'est génial ces neurones-miroir ! Je comprends maintenant pourquoi un petit chimpanzé élevé chez les hommes voudra marcher debout, alors que le petit d'homme, comme Mowgli, se déplacera à quatre pattes chez les loups.*

Pour employer un terme technique, nous dirons que nous sommes des individus très « plastiques » tout au long de notre vie, et tout particulièrement dans notre enfance. Ces neurones-miroir jouent un rôle important, comme tu t'en doutes, pour les relations avec les autres : empathie, sympathie, sentiments de joie ou de culpabilité, etc.

– *Et si ces neurones ne vont pas bien.*

Le miroir est brisé ! Cela pose des problèmes relationnels et sociaux, tout en sachant qu'il n'y a pas que ces neurones et que le cerveau possède une incroyable « plasticité », ce qui permet de compenser ou de rééduquer selon la gravité du problème.

– Dis-moi, cette fois on est vraiment loin des gènes.

Il est clair qu'on voit mal comment à chaque capacité du cerveau on pourrait associer un gène. La sociobiologie s'est orientée vers ce qu'on appelle la « psychologie évolutionniste ». Je ne te cache pas que cela donne des explications parfois aussi naïves que stupides.

– Par exemple ?

Au cours des âges glaciaires, les femmes restaient dans les grottes, bien à l'abri en train de papoter et de faire la popote, alors que les hommes allaient à la chasse au mammouth. Cela expliquerait pourquoi de nos jours les filles apprennent mieux à lire, à écrire et à parler, tandis que les hommes savent mieux lire les cartes routières.

– C'est rigolo !

Je t'en livre une autre : si les hommes sont infidèles en amour, c'est que cela leur permet d'avoir plus d'enfants, alors que les pauvres femmes dépendent tellement des hommes et de la viande qu'ils rapportent bravement de la chasse, qu'elles ont intérêt à choisir le bon gars et à être fidèles. Bref, nos comportements d'aujourd'hui auraient été sélectionnés du temps où nos ancêtres étaient des chasseurs des régions glaciaires d'Europe. Or, à cette époque, les populations de notre espèce étaient partout sur la Terre et ne vivaient pas que dans des grottes, sans oublier que la chasse ne représentait pas l'apport alimentaire le plus important, loin de là !

– C'est de plus en plus rigolo !

À pleurer de rire ! Ce n'est pas de la science et encore moins de la science évolutionniste. C'est un ramassis de clichés stupides qui tentent de faire croire que nos modes de vie actuels – maman à la maison et papa au travail – viennent de la préhistoire ou, pire, que nos ancêtres d'il y a quelques milliers d'années vivaient comme les derniers peuples de chasseurs-collecteurs actuels, comme si ces derniers n'avaient pas évolué.

– Je te vois énervé.

Oui, parce que ce genre de bêtise se retrouve

dans des livres à succès, chez les psychologues et même chez les directeurs des ressources humaines des entreprises. Les sélections, naturelle et sexuelle, n'arrivent pas à éliminer la bêtise humaine ! L'évolution n'est pas parfaite, on en avait déjà parlé. En attendant, il est clair qu'il y a une évolution de nos comportements sociaux et de nos capacités mentales, bien que nous soyons encore loin d'avoir compris les mécanismes. Si nous avions bien lu Darwin, nous serions certainement plus avancés sur ces questions fascinantes.

III. Le DAC ou le portrait de nos origines

– Je suis vraiment surpris de tout ce que nous partageons avec les grands singes.

Le plus surprenant est que nous ayons attendu aussi longtemps avant de nous en apercevoir.

– Alors, il était comment ce DAC ?

Il devait posséder tous les caractères que nous partageons avec nos cousins actuels, mais en sachant qu'il avait des caractères propres. Donc, le DAC ne se réduit pas à ce que nous partageons encore avec les chimpanzés. Pour résumer, tous les grands singes, contrairement aux autres espèces, ont des périodes de vie longues, de gros cerveaux et des vies sociales intenses. Les plus proches de nous sont les chimpanzés, avec lesquels nous partageons un génome aussi restreint que ressemblant, mais aussi des caractères sociaux comme : des communautés multifemelles-multimâles avec des mâles apparentés ; l'occupation de vastes territoires ou domaines vitaux ; la capacité de vivre dans des habitats plus ou moins arborés comme des forêts denses et des forêts proches des savanes arborées ; des régimes frugivores-omnivores ; la chasse et le partage de la nourriture ; l'usage de toutes sortes d'outils ; des traditions culturelles ; des modes de communication complexes... Comme vivre avec les autres est la chose la plus compliquée au monde, il faut des règles avec des notions de bien et de mal, ce que nous appelons la morale, et donc une conscience de soi, de l'autre et des autres. L'apprentissage social passe par des récompenses, des punitions et l'aptitude à être apprécié ou non par le groupe. Les chimpanzés peuvent se montrer aussi adorables que violents. De nos jours, on parle beaucoup des bonobos, plutôt pacifiques, qui préfèrent faire l'amour plutôt que de se bagarrer.

– *C'est plutôt sympa !*

Et un peu naïf! Leurs sociétés sont plus dominées par les femelles et il est vrai qu'ils sont moins violents que les hommes et les chimpanzés. Ces derniers se montrent plus violents dans leurs sociétés dominées par les mâles, avec les jeux de la politique et la guerre entre les groupes voisins. En cela, ils sont plus proches des hommes, mais aussi pour la chasse, l'usage d'outils, les cultures, etc. Attention, cela ne veut pas dire que les espèces proches du DAC se comportaient ainsi, mais que c'est fort possible. Maintenant, ce qu'on retrouve sur les fossiles, c'est la taille corporelle, celle du cerveau, l'anatomie du crâne et des dents, celle des membres et aussi leurs environnements, grâce aux fossiles d'autres espèces de leur communauté écologique, à savoir s'ils vivaient dans des milieux arborés ou ouverts, secs ou humides, etc. On peut s'attendre à trouver des hominidés fossiles d'une taille d'environ un mètre pour une quarantaine de kilogrammes, des cerveaux de moins de 400 centimètres cubes, des dents et des mâchoires assez robustes, des membres adaptés aux déplacements dans les arbres, certainement avec des aptitudes à la bipédie et vivant au sein de milieux arborés.

– *Comment le savoir ?*

Pour s'en approcher, place à la paléoanthropologie et aux fossiles.

– *Enfin !*

Comment ça, enfin ?

– *Eh bien oui, je croyais que l'évolution de l'homme, c'était les fossiles.*

On ne peut rien comprendre à notre évolution si, premièrement, on ne précise pas nos relations de parenté avec les espèces les plus proches de nous et, deuxièmement, si on ne tente pas de reconstituer le DAC à partir de ce qu'on connaît d'elles. Toute histoire, que je sache, a un début. Bon, on va les voir ces merveilleux fossiles ?

L'ÉVOLUTION DE LA LIGNÉE HUMAINE

I. Les premiers hominidés

Orrorin, **Toumaï, Ardi et Cie**

– *Alors, nos origines sont bien en Afrique ?*

Darwin a fait la bonne hypothèse. Mais cela ne fait pas très longtemps qu'on accepte et qu'on a prouvé, grâce aux fossiles, que notre lignée s'enracine profondément sur le continent africain.

– *Et on le tient, ce DAC ?*

On ne pourra jamais dire qu'on a le DAC, mais le fossile le plus proche de l'idée qu'on se fait du DAC.

– Pourquoi ?

Je te l'ai déjà dit : le DAC entre les chimpanzés et nous comporte tous les caractères qu'on retrouve chez ses descendants actuels, mais aussi des caractères qui lui sont propres.

– Quels sont ces fossiles anciens ?

Celui dont on parle le plus est Toumaï, de son nom savant *Sahelanthropus tchadensis*, découvert récemment au Tchad.

– Tu parles d'un nom !

Toumaï vient d'une langue parlée dans cette région, le Djourab. C'est le nom donné aux enfants qui naissent juste avant la saison des pluies et qui veut dire « espoir de vie ». Quant à son nom latin, il signifie « l'homme du Sahel tchadien », le Sahel étant un grand désert au sud du Sahara. Mais nous sommes encore très loin des premiers hommes. De même pour un autre candidat, *Orrorin tugenensis,* mis au jour au Kenya. *Orrorin* veut dire « l'homme des origines » en langue tugen, à la fois un peuple et une région. Et puis il y a *Ardipithecus kadabba* d'Éthiopie. Ce nom signifie « le singe ou homme des origines » en langue afar. Une autre forme un peu plus récente, *Ardipithecus ramidus* et surnommée Ardi, a fait l'objet d'une belle presse en septembre de l'année Darwin.

– *Cela en fait, du monde ; on ne peut pas dire que ça manque de chaînons manquants !*

Ces trois genres fossiles sont datés entre 7 et 5,5 millions d'années, dans la fourchette de temps indiquée par les généticiens et leur horloge moléculaire. Pourtant, il y a désaccord entre ces derniers et les paléoanthropologues.

– *Pour quelles raisons ?*

Toujours à cause de ce schéma de l'échelle naturelle des espèces et du gradualisme dont nous avons déjà discuté. Mes collègues persistent à croire que tout ce qui ressemble à un chimpanzé est forcément archaïque et que tout ce qui ressemble à l'homme est évolué, comme la bipédie. Mais quelle bipédie ? En fait, c'est un problème de logique. Tout fossile proche du DAC aura des caractères de la lignée des chimpanzés et d'autres de la lignée humaine, sinon, il ne serait pas proche du DAC. Tu es d'accord avec ça ?

– *Cela me semble assez évident.*

Mais à cause du gradualisme, on insiste sur les caractères considérés comme propres à la lignée humaine et, par conséquent, tous ces fossiles se retrouvent sur la lignée humaine. Ce qui pose un autre problème : avec Toumaï à 7 millions d'années sur notre lignée, cela implique que le DAC était plus ancien : entre 8 et 10 millions d'années et non plus 5 à 7 millions d'années comme l'indiquent les généticiens.

– Alors, que disent les paléoanthropologues ?

Ils disent qu'ils sont les maîtres du temps. Jusque-là, je suis d'accord, mais ils ne sont pas les maîtres de l'arbre phylogénétique, de la classification. Je ne prétends pas que l'horloge moléculaire des généticiens est infaillible, mais je reste étonné que l'on persiste à ignorer la lignée des chimpanzés et le DAC. Tous les caractères des chimpanzés ne sont pas archaïques. Par exemple, l'homme et ses ancêtres, comme les australopithèques, ont des dents avec de l'émail épais. Les grands singes africains ont des dents avec de l'émail mince. Alors, tout naturellement, et selon une perspective gradualiste classique, on pensait que l'émail mince était un caractère archaïque. Ce n'est pas le cas, puisque les chimpanzés ont acquis ce caractère au cours de leurs évolutions, et donc après le DAC.

– Je comprends pour les dents ; mais pour la bipédie ?

Quand on regarde notre bipédie si spécialisée, il ne fait aucun doute qu'elle est très évoluée. Mais il s'agit de la bipédie humaine, acquise récemment au cours de notre évolution, comme nous le verrons. Or, il a existé différentes bipédies dans notre lignée, comme chez Lucy et les australopithèques. Je pense sincèrement que c'est une vieille histoire de famille et que ce n'est pas une surprise si, pour tous les fossiles évoqués, leurs découvreurs croient, et souvent avec de bons arguments, qu'ils marchaient debout. C'est ce dont on s'est enfin rendu compte avec le beau fossile d'Ardi annoncé récemment. La question devient : est-ce que l'aptitude à la marche bipède existait chez le DAC ?

– Attends, tu es en train de me dire que la bipédie serait très ancienne, avant le DAC !

D'abord – et j'insiste –, ce n'est pas *la* bipédie mais *les* bipédies ou des aptitudes à la marche debout. Évidemment, si on continue à voir les chimpanzés comme une image de notre DAC, tu ne peux qu'être surpris. Mais les chimpanzés ne sont pas nos ancêtres. Leur quadrupédie, avec des membres antérieurs touchant le sol au niveau des articulations entre les premières phalanges des doigts de la main, est très spécialisée. Et puis, comme on l'a vu, tous les grands singes africains actuels marchent plus ou moins bien debout, surtout les bonobos.

– Mais on m'a raconté que marcher debout était un avantage pour regarder au-dessus des hautes herbes dans les savanes.

Les babouins se déplacent à quatre pattes et s'en sortent très bien ; d'ailleurs, cela ne les a pas empêchés de prendre la place des australopithèques qui, comme tu le sais, marchaient debout. Tous les plus anciens fossiles de notre lignée vivaient dans des milieux arborés ; pas la forêt dense et humide, mais des habitats couverts et forestiers. Donc, il faut aller rechercher les origines de ce qu'on considère encore à tort comme le propre de l'homme dans le monde des forêts et non pas dans les savanes.

– À quoi ressemblaient ces fossiles ?

On connaît Toumaï grâce à un très beau crâne et plusieurs mandibules. Il a une face courte et de petites canines. La base du crâne, qui repose sur le sommet de la colonne vertébrale, est courte et fléchie, un caractère important que l'on retrouve chez tous les membres de notre lignée et qui est associé à la marche debout. Tous ces caractères le placent sur notre lignée, ainsi que la taille des incisives et des molaires, recouvertes d'un émail moyennement épais. À côté de cela, la taille de son cerveau est modeste – plus petite que celle d'un chimpanzé actuel – et il a une barre osseuse impressionnante au-dessus des yeux.

– Donc, nos origines seraient à l'ouest et non pas à l'est de l'Afrique.

Tu penses à l'« East Side Story » d'Yves Coppens. Au début des années 1980, Coppens fait la synthèse de tout ce qu'on connaissait en paléoanthropologie et en génétique. Tous les plus anciens fossiles connus étaient en Afrique de l'Est, c'est-à-dire dans les vallées du Rift. Ces grandes vallées déchirent l'Afrique orientale depuis l'Éthiopie au nord jusqu'au Malawi au sud en passant par le Kenya et la Tanzanie. Parmi les milliers de fossiles trouvés, il y avait les australopithèques, mais pas d'ancêtre des grands singes. Ces derniers vivent aujourd'hui à l'ouest des vallées du Rift. D'autre part, les généticiens disent que notre lignée se sépare de celle des chimpanzés vers 7 millions d'années – l'horloge moléculaire – alors que les géologues annoncent que les vallées du Rift se forment à cette époque. Toutes ces connaissances convergent dans un modèle, l'East Side Story ou l'« histoire du côté Est ».

– D'accord, mais en attendant, Toumaï est à l'Ouest et Coppens s'est trompé !

Pas du tout, et dire cela, c'est n'avoir rien compris à ce qu'est la science. Un modèle scientifique vise à rendre compréhensibles toutes les connaissances disponibles ; ensuite, on fait tout pour vérifier s'il est solide. Pour cela on engage de nouvelles recherches. Tant qu'elles le confortent, on le garde, et c'est le cas avec *Orrorin*, puisqu'il vient de l'Est. Mais – et c'est le plus important en science – on développe d'autres recherches pour tenter de contester le modèle – on dit réfuter. C'est ce qui arrive avec Toumaï. On a perdu un modèle, mais on a avancé dans les connaissances. Le but de la science, ce n'est pas de s'obstiner à conserver un modèle, mais de faire avancer les connaissances. Aujourd'hui, nous construisons un autre modèle. En science, les modèles sont des moyens, pas des buts, ce qu'ont du mal à comprendre les diseurs de vérités. Au passage, je rappelle qu'Yves Coppens a soutenu les recherches à la fois à l'est et à l'ouest des vallées du Rift. Si un jour tu te lances dans les sciences, n'oublie pas cette petite leçon.

– *Je m'en souviendrai. Et* Orrorin *?*

C'est aussi un magnifique fossile, annoncé en l'an 2000, d'où son surnom de « fossile du millénaire ». Il date de 6 millions d'années et, à cette époque, étant considéré par ses découvreurs comme le plus ancien représentant de notre lignée, il confirma le modèle de Coppens. Mais deux ans plus tard, Toumaï le remet en cause.

– *J'avais compris.*

Orrorin se compose d'os fossiles fragmentaires du crâne et des membres. Il a une face plutôt longue et étroite et de grosses canines.

Les phalanges de ses doigts sont longues, minces et incurvées alors que le bras est long. Ses incisives et ses molaires ne sont pas très grandes avec un émail modérément épais ; autant de caractères d'un grand singe qui se suspend dans les arbres. Tout cela en fait un bon candidat pour un ancêtre des grands singes africains actuels, sauf son fémur, plutôt solide avec un col allongé et une tête assez robuste, des caractères que l'on retrouve chez les bipèdes de notre lignée. Pour ses découvreurs, ce fémur semble même plus évolué que celui de Lucy, pourtant bien plus récente. *Orrorin* est archaïque en tout, sauf de la cuisse.

– Et Ardi, le troisième fossile ?

Ardipithecus kadabba et *Ardipithecus ramidus* viennent d'Éthiopie et sont un peu plus jeunes : 5,6 et 4,5 millions d'années. Sans entrer dans les détails, ses dents et sa face, comme certaines parties de son poignet, évoquent plus un ancêtre des chimpanzés que notre lignée. Par contre, il a une base du crâne très courte et très fléchie, ce qui fait dire qu'il marche debout, ce qui vient d'être confirmé par l'étude de son fémur et surtout de son bassin.

– Mais alors, tous marchaient debout !

On le pense pour Toumaï, mais on attend d'avoir des os des membres ; il y a des discussions techniques à propos du fémur d'*Orrorin*, et Ardi semble bien bipède. Et puis surtout si, comme je le pense, le DAC avait des aptitudes à la bipédie, que tous soient plus ou moins bipèdes n'aurait rien de surprenant.

– Mais dis-moi, toi, tu n'as pas découvert de fossile ?

Non, car je suis un chercheur de laboratoire et mon travail consiste à comprendre l'évolution du crâne et des dents en relation avec le régime alimentaire, mais aussi avec les âges de la vie et la sexualité. C'est pour cela que je m'intéresse tant à l'éthologie des grands singes et aux théories de l'évolution : pour mieux reconstituer l'adaptation de nos ancêtres.

– Alors comment vivaient ces plus anciens fossiles ?

Tous ont été retrouvés dans des environnements forestiers situés à proximité de l'eau. Ils consommaient des fruits, des légumineuses et des noix, abondants dans ce type d'habitat, et certainement des insectes et de la viande à l'occasion. Ils s'aventuraient rarement dans les savanes plus ouvertes. On ne peut pas dire grand-chose de leur vie sociale. Les petites canines de Toumaï évoquent une société de type plus homme ou bonobo ; celle d'*Orrorin* un harem avec une compétition forte entre les mâles et celle d'*Ardipithecus*, entre les deux. Mais on ne connaît pas leur dimorphisme sexuel et tout cela reste très spéculatif. Heureusement, nos connaissances deviennent plus précises avec les australopithèques.

Lucy et les australopithèques

– *Enfin, on va rencontrer Lucy !*

Les australopithèques forment un groupe d'hominidés adaptés à la vie en marge des forêts et des savanes arborées. Il y a Lucy et les australopithèques de l'Afar ou *Australopithecus afarensis* d'Éthiopie et du Kenya, peut-être aussi de Tanzanie ; l'australopithèque du lac ou *Australopithecus anamensis* du Kenya ; l'australopithèque du Transvaal ou *Australopithecus africanus* en Afrique du Sud ; Abel, l'australopithèque de la rivière des gazelles ou *Australopithecus bahrelghazali*, et encore un autre appelé *Kenyanthropus platyops* du Kenya. Ils représentent un formidable succès évolutif sur la plus grande partie de l'Afrique entre 4 et 3 millions d'années avant nous.

– *À quoi ressemblent-ils ?*

Ils ne sont pas très grands, entre 1,05 et 1,30 mètre pour 27 à 50 kilogrammes. Lucy, connue par un squelette complet à 40 % – ce qui est rarissime –, mesurait 1,06 mètre pour un poids estimé de moins de 30 kilogrammes. On ne connaît que l'allure de Lucy et des australopithèques de l'Afar et de leurs cousins d'Afrique du Sud. Les membres supérieurs sont longs, avec des mains aux phalanges longues et incurvées, autant de caractères associés aux déplacements dans les arbres. Les membres inférieurs sont courts, l'articulation du genou un peu lâche et les pieds très longs, avec des orteils minces et incurvés, le premier d'entre eux s'écartant des autres. En cela, ils ressemblent aux chimpanzés actuels qui se déplacent si aisément dans les arbres. Par contre, comme chez nous, le bassin est court et en cuvette, et tout aussi large ; le fémur a un col et une tête bien dégagée et la colonne vertébrale est creusée dans le bas du dos, tous ces caractères étant associés à la bipédie. Il semble que l'échancrure de la taille était peu marquée et que la cage thoracique avait une forme de tronc de cône, c'est-à-dire large en bas et étroite vers le haut, ce qu'on retrouve chez les chimpanzés.

– Donc les australopithèques sont intermédiaires entre les chimpanzés et les hommes.

Pas d'un point de vue d'ancêtre à descendant, mais d'un point de vue adaptatif, ce qui n'est pas pareil. Ils ont une anatomie en « mosaïque », avec des parties qui ressemblent plus à celles des chimpanzés et d'autres plus à celles des hommes, ce qui correspond à leurs milieux en « mosaïque » composés de forêts et de savanes plus ou moins arborées.

– Et les autres australopithèques ?

On ne possède qu'un bout de mandibule pour Abel et un crâne pour *Kenyanthropus*. Comme la bipédie est une vieille affaire de famille, ils devaient marcher debout, mais comment ? On ne sait pas. Il reste l'australopithèque du lac, plus grand que les autres, dont la face apparaît assez archaïque, mais avec un fémur plus évolué pour la bipédie. En cela, il nous rappelle *Orrorin*.

– *Ils ne marchaient pas comme nous ?*

Pas tout à fait. Ils déambulaient, les genoux un peu fléchis en roulant des hanches et des épaules ; ce qui devenait vite fatigant. Pour en avoir une idée, essaie de marcher en bougeant le bras et la jambe du même côté à la fois. Mais ils ne savaient pas courir debout. En cas de danger, ils devaient détaler à quatre pattes, comme le font les chimpanzés. Ils reprenaient l'avantage dans les arbres.

– *Comment tu sais tout ça ?*

En étudiant les os, leurs proportions, la reconstitution de la taille des muscles. Par exemple, Lucy n'avait pas de gros muscles fessiers comme nous. Et puis, il y a cette découverte fabuleuse faite en 1976 : les traces de pas de Laetoli en Tanzanie, datées de 3,6 millions d'années.

– *Des traces de pas ?*

Un jour, le volcan Sadiman a craché ses cendres sur la savane, obligeant ses habitants à s'enfuir. Deux australopithèques marchant côte à côte laissèrent des empreintes dans les cendres volcaniques, comme dans la neige, qui se sont conservées.

– Un couple d'amoureux ?

Cette découverte prodigieuse a fourni des indices précieux sur leur démarche, la longueur des foulées et la façon de poser le pied. Au lieu de toucher le sol par le talon et de prendre impulsion à l'avant du pied comme nous le faisons, ils posaient le pied sur son côté extérieur, ce que tu peux t'amuser à faire en marchant les jambes fléchies et en faisant tourner ton bassin, comme indiqué tout à l'heure.

– Lucy avait un amoureux ?

Certainement plusieurs, et pas seulement parce qu'elle était mignonne. On note une différence de taille corporelle importante entre les femelles et les mâles, ces derniers ayant des canines plus saillantes et dépassant les autres dents, comme les incisives. Cela veut dire deux choses : que les mâles étaient en compétition modérée pour la conquête des femelles, comme chez les chimpanzés, et comme ils vivaient en partie au sol, ils pouvaient tirer avantage de leur plus grande taille pour dissuader les prédateurs, ce qui permet aussi d'attirer les femelles, comme chez les gorilles.

– Et que mangeaient-ils ?

Des noix, des fruits, des légumineuses et surtout les parties souterraines des plantes. Ils vivaient dans des environnements présentant une alternance de saisons humides et sèches. Pour survivre, les plantes constituent des réserves souterraines : racines, bulbes, oignons, tubercules et rhizomes. Mais il faut aller les déterrer, ce qu'ils faisaient à l'aide de bâtons à fouir. Évidemment, ils appréciaient les fruits tendres, les insectes et la viande quand l'occasion se présentait.

– Et comment vous faites pour savoir tout ça ?

D'abord les dents. Les molaires sont très grosses et recouvertes d'un émail très épais, ce qui veut dire qu'ils mastiquaient des nourritures coriaces. En regardant les traces d'usure au microscope électronique, on voit des stries laissées dans l'émail par des particules abrasives, comme des grains de sable. Elles proviennent des parties souterraines des plantes, qui sont des nourritures de très bonne qualité, mais qu'il faut mastiquer avec énergie. La mandibule comme la face des australopithèques sont puissantes, en rapport avec une mastication soutenue et vigoureuse animée par des muscles très développés. S'ils avaient une devise, c'était « mâche ou crève ».

– Ton humour décline. C'est pareil pour tous les australopithèques ?

Tous ont de belles mâchoires chaussées de grosses dents. Lucy et son cousin du Sud ont une face projetée vers l'avant au niveau des arcades dentaires ; celui du lac a une face plus archaïque car plus longue et étroite ; Abel a une face courte et *Kenyanthropus* une face incroyablement plate, d'où son nom *platyops*.

– Bonjour le puzzle !

On parle d'« évolution en mosaïque » pour évoquer le fait que les différentes parties du corps n'évoluent pas de concert. La taille du cerveau varie de 380 à 450 centimètres cubes, soit entre un tiers et un quart du nôtre. C'est à peine plus grand que chez les chimpanzés actuels pour des tailles corporelles identiques.

– Ils étaient plus intelligents que les chimpanzés ?

On peut dire cela, tout en rappelant combien les chimpanzés sont intelligents.

– *Ils utilisaient des outils ?*

Les chimpanzés le font, notamment avec des bâtons et des outils de pierre pour briser des noix. Comme cela n'a été observé que récemment, on s'intéresse depuis peu aux amas de pierres trouvés à proximité des australopithèques et ils semblent qu'ils agissaient de même.

– *Lucy est morte comment ? Est-ce que c'était une fille ?*

C'est une femelle, car elle est parmi les plus petits australopithèques connus et elle a une petite canine. Elle est morte vers l'âge de 20 ans, probablement noyée. Dans ces régions, la saison des pluies arrive brutalement. Des flots d'eau dévalent les montagnes et les collines, embarquant tout sur leur passage. Or, les australopithèques ne vivaient pas très loin de l'eau. Lucy a dû être embarquée et ensevelie très vite, tout comme un groupe de son espèce, pas moins de dix individus, connu sous le nom de « la première famille ». Leur malheur fait notre bonheur de paléoanthropologue. C'est aussi ce qui est arrivé à Selam, une petite fille australopithèque âgée de 3 ans et retrouvée presque complète.

– *Et pour l'âge, comment vous faites ?*

On se réfère au temps de formation des dents et à leur âge d'éruption. Les âges de la vie pour les australopithèques ressemblent à ceux des chimpanzés actuels : gestation de huit mois et demi, sevrage entre 4 et 5 ans, puberté vers 8-9 ans, âge adulte entre 11 et 14 ans et une espérance de vie qui dépend des accidents et des mauvaises rencontres.

– *Comme quoi ?*

Les noyades, les chutes d'arbres et les prédateurs. On a un crâne d'australopithèque du Sud avec deux trous faits par les crocs d'un léopard.

– *Ce n'est pas le paradis.*

Franchement, déambuler dans les savanes arborées à cette époque n'était pas plus dangereux que de se déplacer à pied en ville de nos jours, surtout quand on mesure ta taille. Il faut faire attention, c'est tout. Voilà pour les australopithèques, un groupe très diversifié et à l'origine de la période suivante, avec les premiers hommes et d'autres australopithèques dits « robustes ». En route pour l'étape suivante.

– *Encore une question. D'où vient le nom de Lucy ?*

D'une chanson d'un groupe fossile, les Beatles, intitulée « Lucy in the Sky with Diamonds » (Lucy dans le ciel parmi les diamants). Sauf que Lucy est une perle qui nous vient de la terre.

– *Je préfère ta poésie à ton humour.*

II. « Les premiers hommes » et les paranthropes

Changements climatiques sur la planète

– *Que se passe-t-il après les australopithèques ?*

Des changements climatiques globaux et locaux affectent les environnements d'Afrique entre 3 et 2,5 millions d'années. Un évènement global concerne l'ensemble de la Terre : c'est la jonction entre les deux Amérique. Auparavant, ces deux sous-continents étaient séparés par un passage entre les océans Pacifique et Atlantique. En dérivant vers le Nord, l'Amérique du Sud finit par provoquer l'émersion de ce qu'on appelle l'Amérique centrale. L'isthme de Panama modifie les courants océaniques. Le Gulf Stream se forme dans le golfe du Mexique, traverse l'Atlantique, longe les côtes de l'Europe – ce qui nous vaut des hivers doux – et plonge dans les eaux profondes de l'océan Arctique. Ce faisant, il emporte de la chaleur et du sel, ce qui a pour conséquence de refroidir la région arctique. C'est ainsi que se forme la calotte polaire, alors que la calotte antarctique existait déjà.

– D'accord, mais il ne faisait pas froid en Afrique ?

Non, bien sûr. Pendant les périodes chaudes ou interglaciaires, les forêts s'étendent grâce à un climat globalement plus humide. Pendant les périodes froides ou glaciaires, le climat devient en général plus sec à cause des grandes quantités d'eau douce retenues dans les calottes et les glaciers. Alors les forêts régressent devant l'expansion des savanes. On voit apparaître davantage d'arbres adaptés à des environnements plus secs, comme les acacias. De nombreuses espèces d'antilopes, de gazelles, de chevaux, de cochons, d'éléphants acquièrent des dents capables de broyer des végétaux plus coriaces, notamment des graminées.

– Et pourquoi ?

Ces plantes herbeuses ou graminées – de la famille du blé, de l'orge, du seigle, etc. – contiennent des petits cristaux appelés « phytolithes », ce qui veut dire « pierres de plante ». Ils usent les dents des animaux qui les broutent. Pour compenser, ils possèdent des dents avec de l'émail mince qui poussent tout le temps.

La radiation des paranthropes

– Et les premiers hommes vont s'y mettre aussi ?

Pas du tout. À partir de nos ancêtres australopithèques, émergent deux groupes, les « premiers hommes » et les paranthropes. On commence par ces derniers. Ils sont les descendants de Lucy et de ses cousins du Sud. Paranthrope signifie « presque homme », mais on les appelle plus volontiers « australopithèques robustes » à cause de leurs faces, de leurs mâchoires et de leurs dents très robustes. Pourtant, ils ne sont guère plus corpulents que leurs ancêtres. Par contre, leurs bras sont un peu plus courts et leurs jambes un peu plus longues, en relation avec une bipédie plus efficace. Le genou est en extension ou tendu, le pied a des orteils moins longs et le gros orteil accolé aux autres. Les mains sont aussi plus courtes et plus larges, comme les doigts, ressemblant plus aux nôtres.

– *Tout cela me semble plutôt humain.*

C'est vrai, sauf pour leur face très courte et très haute, la plus robuste jamais connue. À quoi il faut ajouter de petites incisives et de petites canines, mais des prémolaires et des molaires énormes, avec un émail très épais. Ils possèdent l'appareil masticateur le plus puissant de tous les singes connus, actuels et fossiles, avec une mandibule massive. Ils méritent bien leur nom d'australopithèques robustes ou de « casse-noix » !

– *Que mangeaient-ils avec de si grosses dents, des noix ?*

À cause de cette face incroyable, on a pensé qu'ils étaient spécialisés dans la consommation de nourritures très coriaces, ce qui est vrai. Mais qui peut le plus, peut le moins. Les aliments que nous mangeons laissent des traces chimiques dans les os. Leur analyse révèle un régime omnivore avec des plantes de savanes et aussi des graminées…

– Donc, ils meulaient des graines.

Non. Pour cela il faut des dents qui poussent tout le temps et avec de l'émail mince, ce qui n'est pas leur cas. En fait, ils mangeaient aussi des antilopes et des gazelles qui, elles, consommaient des graminées. Leur spécialisation réside dans la capacité de se nourrir de grandes quantités des parties souterraines des plantes, comme leurs ancêtres, mais de façon plus efficace, notamment pendant les longues saisons sèches. Mais ce n'est pas pour cela qu'ils sont plus idiots. Leur cerveau est relativement plus développé, de 450 à 550 centimètres cubes, avec des asymétries plus marquées entre les moitiés gauche et droite, un caractère associé à la dextérité.

– C'est quoi ?

Le fait que nous utilisons plus la main droite que la gauche pour faire des gestes précis. On a retrouvé un paranthrope associé à des outils de pierre taillée et nommé pour cela *Paranthropus garhi* en 1999, le paranthrope « surprise ».

– *Pourquoi ?*

Parce qu'on croyait que seuls les hommes fabriquaient et utilisaient ces outils obtenus de façon volontaire en frappant avec précision un silex contre un autre. Alors trouver un paranthrope avec de tels outils : surprise ! Mais on le savait depuis longtemps puisque le premier paranthrope découvert en 1959 à Olduvaï en Tanzanie gisait aussi à côté d'outils taillés. Les plus anciens outils de pierre taillée sont de la culture d'Olduvaï ou Oldowayen.

– *Alors pourquoi s'étonner quarante ans plus tard ?*

Parce qu'on avait retiré les outils aux paranthropes pour les attribuer aux premiers hommes, qui en sont contemporains.

– *C'est qui ces premiers hommes ?*

Avant de te les présenter, finissons avec ces superbes paranthropes dont on connaît deux grandes lignées : *Paranthropus aethiopicus,*

Paranthropus garhi et *Paranthropus boisei* en Afrique de l'Est ; *Paranthropus crassidens* et *Paranthropus robustus* en Afrique du Sud.

– Des noms à coucher dehors !

Peut-être, mais comme tous les grands singes et tous les australopithèques, ils devaient dormir en sécurité dans des nids aménagés dans les arbres. On les retrouve dans des habitats à proximité de l'eau, là où les plantes développent de riches parties souterraines. Cette lignée si proche de nous connaît un grand succès adaptatif entre – 2,5 et – 1 millions d'années.

– Pourquoi disparaissent-ils ?

Encore les changements climatiques, la concurrence avec les babouins et surtout avec l'homme. Maintenant place aux premiers hommes, contemporains des paranthropes.

« Les premiers hommes » sont-ils des hommes ?

– J'ose à peine te demander leurs noms.

Homo habilis et *Homo rudolfensis*, les « hommes habiles » et les « hommes du lac Rodolf ». Lors de l'annonce d'*Homo habilis* en 1964, ses découvreurs insistèrent pour en faire le premier représentant du genre *Homo* : il possède une face moins robuste, un cerveau plus gros, d'environ 600 centimètres cubes, des mains plus habiles – d'où son nom –, il est muni des plus anciens outils de pierre taillée et bénéficie d'une bipédie évoluée. Les paléoanthropologues ont un peu exagéré le trait, ce qui fait polémique depuis plus de quarante-cinq ans.

– Décidément, vous n'êtes jamais d'accord.

La définition classique « l'homme, c'est l'outil » a fait long feu depuis qu'on connaît mieux les chimpanzés et depuis qu'on a mieux étudié les paranthropes. Pour ne rien arranger, un fossile attribué à *Homo habilis* et trouvé à Olduvaï, en Tanzanie, en 1987, présente des proportions des membres comparables à celles de Lucy !

– Surprise !

Cet *Homo habilis* marchait mieux que Lucy, mais ses proportions étaient encore archaïques. Comme une surprise n'arrive jamais seule, des paléoanthropologues se penchent plus attentivement sur les nombreux fossiles attribués à

Homo habilis et pensent qu'il y a certainement deux types d'hommes : *Homo habilis* au sens strict et *Homo rudolfensis*.

– Je sens que ça va être amusant.

Modère ton ironie. Nous dirons qu'il y a des *Homo habilis* pas très grands qui dépendaient encore du monde des arbres, et d'autres plus corpulents, les *Homo rudolfensis*, apparemment mieux adaptés à la vie dans des habitats plus ouverts. La face des *Homo habilis* annonce une tendance, qui se continuera jusqu'à nous, avec une diminution de la taille des dents et bientôt de l'ensemble des structures squelettique et musculaire impliquées dans la mastication.

– J'ai appris que l'outil était lié à la chasse.

Les chimpanzés chassent, utilisent des pierres pour briser des noix, mais pas pour tuer un animal, le dépecer ou le consommer. Le problème est de savoir qui a inventé les outils de pierre taillée, car ces premiers hommes, les paranthropes et les plus anciens outils taillés volontairement apparaissent en même temps, autour de 2,5 millions d'années. Nous entrons dans la préhistoire ou l'âge de la pierre taillée : le paléolithique.

– *Mais ils mangeaient de la viande !*

Ils chassaient et attrapaient des proies de petite taille et repéraient les carcasses des grands animaux morts. Ils consommaient sur place le cerveau et les viscères, découpaient le reste pour le manger à l'abri. C'étaient des charognards habiles.

– *Beurk !*

Ils font comme nous : quand nous achetons de la viande, ce n'est pas nous qui avons tué la bête et, comme eux, nous faisons attention à la fraîcheur du morceau. La viande des grands herbivores reste consommable plusieurs jours ; après c'est bon pour les chacals, les vautours et les hyènes qui peuvent digérer de la viande avariée.

– *Donc, ils arrivaient, sortaient leurs outils et faisaient leur petit pique-nique.*

Leurs outils étaient aussi simples qu'efficaces : en percutant un silex sur un autre selon un angle précis, ils obtenaient des éclats tranchants comme des rasoirs, épatants pour couper les chairs et les tendons, et aussi des hachoirs, ce qui reste du silex dont on a enlevé des éclats, pour désarticuler les membres ou briser les os pour la moelle. Ils emportaient ces morceaux de carcasse plus loin, en sécurité, au pied des arbres ou même dans les arbres, comme le font les léopards actuels pour ne pas être dérangés par les hyènes ou les lionnes.

– *Ils se baladaient avec leurs outils et les sortaient au bon moment ?*

Les pierres propices à la taille d'outils, comme certains types de silex ou de basalte, ne se trouvent pas partout. Ils montaient des expéditions, comme à Lokalelei, sur les rives du lac Turkana au Kenya. Un groupe de petits hommes ou de paranthropes – on ne sait pas – a marché sur des kilomètres pour arriver sur ce site où on a découvert des dizaines d'ateliers de taille. Pendant que les plus doués taillaient des centaines d'outils, d'autres s'occupaient du casse-croûte, par exemple des œufs d'autruche. Puis ils repartaient, emportant avec eux une partie des outils et abandonnant les autres. Ils devaient avoir des sacs ou des sacoches. Après cela, ils disposaient des caches à outils sur leurs territoires, des réserves et, lorsqu'ils repéraient une carcasse, allaient les quérir pour la débiter.

– Ils étaient drôlement organisés ! Je suis étonné.

En effet, alors qu'ils n'étaient pas plus grands que toi et avaient un cerveau deux fois plus petit – mais bien fait. Les asymétries entre les deux hémisphères sont marquées et, du côté gauche, on note des aires du langage développées. Cela ne veut pas dire qu'ils parlaient comme nous, mais qu'ils pouvaient échanger des informations sur les lieux, le temps, les obligations... autant de choses nécessaires avec une organisation sociale aussi complexe. Une fois de plus, tout est lié puisque fabriquer un outil et construire une phrase se conçoit de la même façon au niveau du cerveau. Grâce aux nombreux outils laissés à Lokalelei et ailleurs, les préhistoriens ont reconstitué la série des gestes nécessaires à leur fabrication – une chaîne opératoire – et ils étaient droitiers.

– Il n'y avait pas de gauchers ?

De Lokalelei au tournoi de tennis de Roland Garros, il y a toujours eu des gauchers, mais peu nombreux. La latéralisation, cette spécialisation qui consiste à utiliser un côté plutôt que l'autre pour faire des tâches ou des mouvements complexes, existe aussi chez les grands singes. Pour des actions simples ou habituelles, on mobilise indifféremment les deux côtés ; mais dès que cela demande précision, attention, éducation, apprentissage… on préfère un côté et c'est plus souvent le droit, guidé par le cerveau gauche.

– Alors, qui a inventé ces outils et pour quoi faire ?

L'observation au microscope électronique des traces d'utilisation de ces outils indique des utilisations sur des matières animales et végétales. S'il ne fait aucun doute que ces « petits hommes » développent ces outils et ces techniques, cela ne veut pas dire qu'ils en sont les inventeurs, et encore moins les mâles pour la chasse.

– Tu aimes bien taper sur les clichés !

Non, je déteste les archaïsmes machistes qui prétendent que tout a été inventé par des hommes – des mâles – aussi inventifs que courageux, partant fièrement à la chasse et rapportant la viande à leurs petites femmes stupides et fragiles restées gentiment au campement. Des préhistoriens prétendent que la division des tâches – l'homme chasseur de viande et la femme collectrice de nourritures végétales – remonte à cette époque. S'il ne fait aucun doute que la viande représente dorénavant un apport substantiel au régime alimentaire – notamment pendant la saison sèche –, les nourritures végétales en composent encore la partie la plus importante.

– Où vivait tout ce petit monde ?

Les paranthropes et les « premiers hommes » sont connus en Afrique de l'Est et du Sud à partir de – 2,5 millions d'années ; les premiers s'éteignent vers 1 million d'années, les autres un peu plus tôt, vers – 1,5 million d'années.

– Pourquoi ?

À cause de l'arrivée des « vrais » hommes : les *Homo ergaster* !

III. L'ÉVOLUTION DU GENRE *HOMO*

– D'où viennent-ils ?

On les appelle les « nouveaux venus » car, longtemps, on a eu l'impression qu'ils émergeaient d'un seul coup sur la scène africaine de notre évolution. Dans les années 1970, on trouve de magnifiques crânes au Kenya qui préfigurent celui qu'on finit par appeler *Homo ergaster*: l'« homme artisan ». Il semble être plus « homme » que ces autres petits hommes dont nous venons de parler. Puis c'est l'annonce du fossile presque complet de l'enfant du Turkana, un beau garçon d'un âge estimé à 10 ans et qui mesure 1,60 mètre !

– C'est un paléobasketteur ?

Cette découverte a secoué le petit monde de la paléoanthropologie et cela posait la question de l'émergence apparemment soudaine du genre *Homo*. C'est là qu'on revient à la question de la spéciation ou de l'apparition d'une nouvelle espèce.

– Tu m'en as déjà parlé, avec la spéciation géographique et les équilibres ponctués.

La spéciation géographique, c'est quand des populations d'une même espèce sont séparées par une barrière géographique et évoluent en divergeant, les individus ne pouvant plus se reproduire entre eux au fil du temps. S'il s'agit d'une petite population vivant en périphérie, alors intervient la dérive génétique qui peut conduire à l'émergence rapide d'une nouvelle espèce. C'est la théorie des équilibres ponctués. L'émergence soudaine d'*Homo ergaster* correspond à une telle spéciation périphérique ailleurs qu'en Afrique de l'Est. Mais en paléoanthropologie, la patience finit toujours par payer et on a découvert récemment des fossiles d'*Homo habilis* en Afrique de l'Est avec des caractères d'*Homo ergaster*. Cela ne veut pas dire que tout s'est passé dans cette région, mais que les origines du genre *Homo* s'enracinent chez ces « premiers hommes » décidément très variables.

– L'Afrique de l'Est reste tout de même la région la mieux connue.

C'est la référence obligée. Et puis, cette région offre une porte de sortie vers le Moyen-Orient et, plus loin, l'Europe et l'Asie. Et là, surprise, les hommes étaient déjà présents en Géorgie, à Dmanisi, il y a 1,7 million d'années. *Homo ergaster* avait à peine émergé qu'il gambadait aux portes de l'Eurasie. Par commodité, on appelle ces hommes *Homo georgicus*, l'homme de Géorgie.

– Alors ce ne sont pas des Homo ergaster *?*

Ces hommes de Dmanisi présentent des caractères intermédiaires entre les « premiers hommes » et les *Homo ergaster*. Tu vois le problème ?

– *Oh, oui ! Les origines d'*Homo ergaster *se baladent un peu partout, et pas qu'en Afrique.*

En tout cas, on assiste à quelque chose de nouveau, l'apparition d'un genre *Homo* qui a des fourmis dans les jambes et peut vivre dans des savanes ouvertes, ce qui ouvre de nouveaux horizons.

– *Donc, pour toi, les vrais hommes ou* Homo *apparaissent à ce moment-là.*

Nous dirons que le genre *Homo* émerge entre – 1,9 et – 1,5 million d'années. À partir de cette période, les choses deviennent plus claires. Tous les autres hommes ont disparu et il ne reste plus que les paranthropes, avant qu'ils ne s'éteignent à leur tour vers 1 million d'années. Dès lors, notre belle lignée se réduit au seul genre *Homo*.

– *Pourquoi un tel déclin ?*

Toujours à cause des changements climatiques, poussés par les rythmes plus intenses des glaciations. Et puis *Homo ergaster*, le genre *Homo,* commence à prendre de la place.

– Et comment s'y prend-il ?

Commençons par son physique. Il a une grande taille et son squelette locomoteur ressemble au nôtre, notamment avec de longues jambes et un pied court, surtout au niveau des orteils, et une double arche plantaire. C'est l'anatomie d'un coureur des savanes, puisque l'homme est une des rares espèces capables de marcher et courir sur de longues distances.

– L'homme est une bête de course ; ça alors !

Pas rapide, mais endurant ! Cela demande aussi des adaptations pour évacuer la chaleur musculaire produite pendant l'effort. Notre peau s'est couverte de poils minces et de glandes sudoripares, ce qui nous permet de transpirer.

– Donc, c'est pour cela qu'on a perdu nos poils !

Non, non et non ! On n'a pas perdu nos poils, mais acquis une autre pilosité. Nous avons autant de poils que les chimpanzés, sauf qu'ils sont plus minces et courts sur l'ensemble du corps. Par contre nos cheveux poussent tout le temps et nous avons des poils pubiens.

– C'est quoi ces poils ?

Ceux que nous avons autour de nos parties génitales.

– *Ce n'est pas beau !*

C'est une question de mode, de goût et d'époque. Pour revenir à *Homo ergaster* et aux origines de notre pilosité, nous n'avons pas perdu nos poils, mais acquis une autre pilosité, à la fois en relation avec une locomotion plus performante et notre sexualité.

– *Décidément, c'est chaud dans les savanes.*

L'acquisition de notre bipédie si performante s'accompagne d'un bassin en forme de cuvette, court et étroit. La distance entre la tête du fémur et le sacrum – le bas de la colonne vertébrale qui se coince entre les deux ailes du bassin – se raccourcit, favorisant un transfert efficace du poids du haut du corps vers le fémur. Donc, de ce côté-là, tout va bien. Mais le sacrum descend très bas dans le bassin et prend de la place, ce qui pose des problèmes chez les femmes au moment de l'accouchement.

– *Je ne comprends pas.*

Si tu regardes un bassin de grand singe en vue de dessus, l'intérieur est vide et de forme circulaire. On appelle cela le « petit bassin » et c'est par là que passe la tête du bébé au cours de l'accouchement, qui va sortir par l'arrière. Chez la femme – et aussi chez Lucy –, le petit bassin a une forme de haricot ou de rein à cause de la position basse du sacrum. Alors, quand le bébé se présente, il doit tourner la tête – premier problème – et ensuite la fléchir vers l'avant – deuxième problème – pour sortir vers l'avant du bassin. C'est pour cela que l'accouchement est devenu si douloureux pour les femmes.

– L'évolution n'est pas parfaite.

D'un côté une bipédie efficace, et de l'autre un cerveau de plus en plus gros. Une sélection dramatique s'exerce pendant le temps de la grossesse, les femmes faisant des bébés avec de trop gros cerveaux et mourant en couches. Cela ne va pas aller en s'arrangeant, puisque la taille du cerveau va continuer de croître alors que celle du bassin ne change pas ou peu.

– On a de la peine à imaginer une telle épreuve.

La grossesse dure huit mois et demi chez les chimpanzés et les gorilles, deux semaines de plus chez nous. On lit souvent que le bébé humain naît plus fragile et plus immature que les bébés grands singes, ce qui est faux. Le petit humain fait en moyenne plus de 3 kilogrammes à la naissance pour moins de 2 kilogrammes chez les grands singes ; de même pour la taille du cerveau du nouveau-né, 400 centimètres cubes chez nous et la moitié chez les autres. Le petit humain est un gros bébé, plutôt mature, mais fragile à cause de son cerveau. Après la naissance, le cerveau du petit humain continue de grandir au même rythme que dans l'utérus de sa mère jusqu'à l'âge d'un an et double de volume. Comme le cerveau est l'organe qui consomme le plus d'énergie et qu'il a priorité sur le reste du corps, le petit humain dort beaucoup et semble relativement moins actif, d'où cette fausse impression d'immaturité.

– Il doit demander beaucoup de soins et d'attention.

Il est allaité par sa mère, mais sa mère a besoin aussi d'assistance. Il y a deux solutions, soit la maman compte sur l'aide de sa mère et de ses sœurs, soit sur le père de l'enfant. Dans notre espèce, les femmes quittent leur groupe familial pour se reproduire et il leur faut compter sur l'investissement parental des mâles. Notre espèce a tendance à être monogame pour l'éducation d'un petit fragile et exigeant soins et protection, bien que l'implication des pères soit très variable, le temps d'élever un enfant, parfois plusieurs enfants et pour toute la vie, et parfois pas du tout… C'est là qu'intervient notre sexualité particulière. À partir d'*Homo ergaster*, toutes les périodes de la vie – ce qu'on appelle l'ontogenèse – deviennent plus longues. On a parlé de cette période particulière juste après la naissance, donc au début de l'enfance, et il en est de même à la fin de l'enfance avec la puberté. À cet âge, l'anatomie des filles et des garçons connaît des changements considérables, qu'on ne retrouve pas chez les autres grands singes.

– *Que se passe-t-il au moment de la puberté ?*

Le corps des filles se sculpte avec la taille qui se creuse, le développement de la poitrine, et l'apparition de la pilosité pubienne et des règles. Si tu regardes des chimpanzés de dos, tu ne distingues pas une femelle d'un mâle adolescent. C'est très différent chez nous où la silhouette du corps de la femme avec la cambrure des reins, les fesses et la poitrine toujours développées, sont autant de messages de séduction pour les mâles. Quant à ceux-ci, ils poursuivent leur croissance, les épaules se développent, la voix mue, la pilosité est plus fournie sur tout le corps, notamment au niveau du visage, sans oublier la pilosité pubienne, et le pénis qui s'agrandit. Notre espèce, et donc certainement le genre *Homo* depuis *Homo ergaster*, se distingue par un dimorphisme sexuel original qui joue plus sur la forme du corps que sur sa taille, avec des caractères sexuels très visibles et permanents.

– Ah bon ! Et pourquoi tout cela ?

Chez les animaux en général, il y a une saison des amours. Quand les femelles sont en chaleur, elles envoient des messages par leurs comportements, leurs cris et leurs odeurs qui attirent et excitent les mâles. Ils se rencontrent et l'affaire est vite réglée. C'est plus compliqué chez les singes où les femelles peuvent être en chaleur à tout moment de l'année. Chez les espèces comme les chimpanzés, les babouins ou d'autres, cette période dure plusieurs semaines, ce qui les autorise à jouer de leurs charmes et à choisir leurs partenaires, préférant les uns, trompant les autres. Pour notre espèce, la sexualité sert à établir des liens affectifs ; l'expression « faire l'amour » prend tout son sens. La femme est tout le temps désirable et peut faire l'amour quand elle le désire. Il en va de même pour l'homme. La sexualité humaine repose sur cette capacité à former des couples. Élever un jeune demande beaucoup d'attention et exige d'avoir un partenaire de confiance. Chez toutes ces espèces monogames ou à tendance monogame, la parade joue un rôle très important. Que l'on appelle cela parade, danse, flirt, courtiser ou draguer signifie que deux personnes s'approchent et évaluent les qualités et les intentions de l'autre. Si les deux partenaires se plaisent, alors ils consolident leurs relations et ne s'intéressent plus aux autres, ce qui peut durer toute une vie, ou seulement le temps d'élever un enfant ou plusieurs. L'expression « couple » est maladroite, je te l'accorde, mais elle exprime un choix privilégié pendant une période plus ou moins longue, dont les liens reposent sur le plaisir d'être ensemble et d'avoir du plaisir ensemble.

– Tout cela me semble bien romantique. Et ça commence avec Homo ergaster *?*

Il y a de fortes chances. Pour fonder les règles et dire les règles d'une vie sociale aussi complexe, il faut un langage complexe, ce qui semble le cas. Pour parler notre langage articulé, il faut le concevoir dans le cerveau et articuler les sons au niveau de la gorge, dans le larynx, là où se trouvent nos cordes vocales. On a vu que les *Homo habilis* avaient des aires du langage bien développées. *Homo ergaster* est bien plus grand et toutes les parties de son corps sont plus grandes, en particulier le cerveau qui fait entre 750 et 900 centimètres cubes. La taille du cerveau augmentant, des aires intermédiaires comme l'aire pariétale deviennent relativement plus grandes. Or, cette partie est très importante pour établir les relations entre les modes sensoriels de perception du monde, leur analyse et les différents types d'actions. C'est un très bel exemple de l'apparition de nouvelles capacités sans qu'elles aient été sélectionnées. De même l'articulation des sons. *Homo ergaster* est un coureur des savanes et sa respiration nécessite un flux respiratoire important. Il est possible que la descente du larynx soit liée à cette adaptation. En tout cas, on sait que le haut de sa poitrine et la gorge étaient plus richement innervés chez lui, grâce à l'étude anatomique de la taille des nerfs qui sortent de la colonne vertébrale. Ils étaient capables de réguler la respiration et les sons. *Homo ergaster* possède les requis cérébraux et anatomiques pour le langage articulé.

– Quel homme ! Et qu'invente-t-il encore ?

À partir de – 1,7 million d'années, il taille des outils symétriques, les bifaces, et bientôt utilise le feu, construit des abris et utilise des colorants, comme l'ocre. Le genre *Homo* commence à transformer le monde par ses récits et ses actions.

– C'est aussi ancien que ça ? On m'a dit que les plus anciens foyers prouvant l'usage du feu remontaient à environ 600 000 ans.

Il s'agit de foyers bien aménagés trouvés dans des habitats organisés. Mais les plus anciennes traces d'utilisation du feu proviennent de sites d'Afrique de l'Est et du Sud âgés de plus de

1,5 million d'années. Les vestiges de cabanes construites à l'aide de branchages et de pierres se trouvent aussi autour de cette période. Tu te doutes bien que pour quitter le refuge des arbres et s'installer près des rives des fleuves, là ou viennent tant d'animaux dont les prédateurs, ces hommes devaient pouvoir se protéger : cabanes, feu et haies de branchages épineux.

– Et les cavernes ?

Les entrées des grottes et les abris sous roche sont des abris naturels, faciles à aménager, que les hommes investissent aussi à cette époque. On se rend difficilement compte de l'importance de cette révolution : grâce au feu, les hommes s'ouvrent l'espace de la nuit, se rassemblent, se racontent des histoires.

– Mais je croyais que les hommes préhistoriques étaient des brutes hideuses.

Toujours ces clichés stupides ! Les *Homo ergaster* inventent toutes sortes d'outils, dont ces magnifiques bifaces, de formes pointues et à base arrondie. Il y a manifestement une recherche de symétrie et de beauté, d'esthétique.

L'esthétique, c'est ce qui donne de l'émotion par la beauté des formes, et il y a bien de cela. La fabrication d'un tel objet se conçoit comme le langage, avec un but, une séquence de gestes, des retouches… et, à la fin, un outil qui a une fonction et du sens. Emmanché au bout d'une hampe, cela fait une lance redoutable, mais ils pouvaient obtenir un effet aussi mortel avec des épieux de bois épointés et durcis au feu. Car l'âge de la pierre taillée est avant tout un âge du bois ; mais ce dernier ne se conserve pas, sauf dans des conditions exceptionnelles, comme ces épieux vieux de 1,4 million d'années trouvés au Kenya. Ces femmes et ces hommes consacraient du temps à créer de belles formes.

– *Tu m'as parlé aussi de l'ocre.*

L'ocre est un colorant naturel qui sert à assainir le sol des habitats, au travail des peaux et qui est utilisé aussi pour le corps. Il est fort probable que nos ancêtres enduisaient leur corps de cendres, mêlées à de l'argile et, pourquoi pas, de l'ocre. Les animaux se roulent dans la boue pour se parer d'une couche protectrice contre le harassement des insectes. Dès lors, pourquoi se priver de faire des tracés de doigts, ancêtres de nos maquillages.

– Et les cheveux ?

Nous sommes une des très rares espèces nanties d'une chevelure qui pousse tout le temps. Le traitement de la chevelure varie entre les cultures et entre les sexes, mais sans qu'on sache vraiment d'où vient ce caractère si ébouriffant. Quoi qu'il en soit, *Homo ergaster* invente les fondements de la grande aventure humaine et engage un type d'évolution nouveau : la coévolution.

– Tu m'en as déjà parlé à propos des singes et des arbres.

Il y a la coévolution au sein des communautés écologiques reposant sur l'étroite interdépendance entre les espèces. Les hommes restent liés à cette coévolution. Celle qui émerge avec *Homo ergaster* concerne les interactions entre la culture et la biologie, comme l'invention de la cuisson. On lit trop souvent que la cuisson a été inventée pour consommer la viande. Or, la viande se mange et se digère très bien crue, à condition qu'elle soit assez tendre. Il ne fait aucun doute que sa cuisson l'attendrit et lui donne un meilleur goût. Pourtant, le bénéfice le plus conséquent de la cuisson pour notre évolution concerne les nourritures végétales, pas les fruits, mais les légumineuses et surtout les parties souterraines des plantes. As-tu essayé de manger une patate crue ?

– Pas fameux !

Ni pour la mastication, ni pour le goût, ni pour la digestion : c'est lourd ! Une fois cuite, c'est autre chose. Nous avons vu que nos ancêtres consommaient abondamment ces parties souterraines des plantes, mais ils devaient mastiquer ferme et la digestion devait être laborieuse, notamment à cause de l'amidon. Avec la cuisson, c'est un bonheur. La mastication se fait douce, le goût délicat et la digestion aisée. Devine les conséquences sur notre corps !

– La taille de la face et des dents diminue et le ventre devient moins gros.

Surtout les intestins. Mais tu as oublié le plus important : la taille du cerveau augmente.

– Ah bon ?

Le cerveau est l'organe de notre corps qui

exige le plus d'énergie. C'est un cinquième de l'énergie quotidienne apportée par les aliments chez l'adulte, la moitié chez un jeune enfant et les trois quarts chez les nouveau-nés. Le cerveau ne tolère pas d'être en manque. Après un repas, on a un coup de fatigue : notre organisme dépense de l'énergie pour entamer la digestion, et ensuite il doit en récupérer plus. C'est comme pour une voiture : tu utilises l'énergie de la batterie pour faire démarrer le moteur puis, en roulant, tu recharges la batterie. Cet apport d'énergie est important pour digérer des tubercules crus et donc long à récupérer. Mais cuit, l'amidon se digère facilement et apporte beaucoup d'énergie et de sucre, ce dont le cerveau a besoin. L'invention de la cuisson fait sauter une contrainte énergétique sur la digestion, libérant de l'énergie pour le développement et le fonctionnement d'un cerveau très gourmand.

– Mais est-ce que la chasse et la viande gardent de l'importance ?

Cela ne fait aucun doute. *Homo ergaster* est un superprédateur et ce gros cerveau autorise des organisations sociales plus complexes, avec des individus qui se dispersent, seuls ou en petits groupes, autour de leur abri construit ou aménagé, et selon leur activité, comme la recherche de matières premières pour les habits, les outils et le feu ; peut-être des activités plus spécialisées par sexe, comme la collecte et la chasse, puis les échanges, les partages, les repas…

– Ce qui m'amuse, c'est qu'on a pris la grosse tête en faisant la cuisine !

C'est une façon de résumer. Plus largement, *Homo ergaster* mérite le titre d'homme au sens strict non pas parce qu'il est bipède, possède un gros cerveau, chasse et utilise des outils, mais par le développement particulier de ces adaptations. Ainsi commence l'aventure humaine et la conquête de la planète.

L'expansion du genre *Homo* ; du côté du levant

– Cela va être simple, puisqu'il ne reste que le genre Homo.

Oui, dans un premier temps, mais on possède assez peu de vestiges fossiles – squelettes – et archéologiques – outils et traces d'habitats – entre – 1,6 et – 0,6 million d'années. Nous sommes dans l'ère quaternaire, celle des âges glaciaires. Il faut imaginer des petits groupes d'*Homo ergaster* se dispersant en Afrique et dans le sud de l'Eurasie, plus incités à migrer à cause de l'alternance des changements climatiques que par leur propre volonté. Ils arrivent très tôt en Asie du Sud-Est, puisqu'on retrouve à Java des fossiles aussi anciens que ceux de Dmanisi, et quelques sites archéologiques en Chine suggèrent une présence autour de 2 millions d'années.

– Et pour l'Europe ?

Il y a certainement eu des incursions, mais on ne dispose pas de traces de présence humaine bien avérées avant 1,3 million d'années, en Espagne, dans le sud de la France, et en Italie.

– Donc, on ne sait pas trop ce que sont ces hommes et ce qu'ils font.

Après *Homo ergaster,* on ignore si le genre *Homo* comprend une seule espèce aussi variable que dispersée ou si déjà les banches qui donnent les espèces plus récentes se sont séparées.

Commençons par l'Asie orientale. On appelle ces hommes des *Homo erectus* ou « hommes debout ». On les trouve en Inde et surtout à Java et en Chine et quelques-uns en Indochine.

– Ce sont eux qui avaient de gros bourrelets au-dessus des yeux ?

Leur face semble robuste avec ce relief au-dessus des yeux et leurs pommettes proéminentes. Ces *Homo erectus* avaient des squelettes très denses, pour les membres comme pour le crâne. Cette massification s'observe chez tous les hommes connus de cette époque. Il s'agit plus d'un cas de dérive évolutive que d'une adaptation. Néanmoins, les tendances évolutives amorcées par *Homo ergaster* s'affirment avec des dents plus petites et un cerveau autour de 1 000 centimètres cubes.

– Java est une île. Comment y sont-ils allés ?

Pendant les périodes glaciaires, le niveau des mers et des océans baisse de plusieurs centaines de mètres. Ils y vont à pied, d'autant que ces populations sont poussées vers le sud par le froid. C'est l'inverse pendant les périodes interglaciaires et des populations se retrouvent isolées sur l'île et subissent des évolutions rapides par dérive génétique. Ce sera le cas des hommes de Solo, des *Homo erectus* très évolués avec de gros cerveaux, mais avec des os encore solides. À cause de tous ces va-et-vient, l'histoire du peuplement de Java est un vrai casse-tête. Les choses sont à peine moins simples sur le continent, comme en Chine. Et puis, il y a ces petits hommes de l'île de Florès, découverts récemment.

– C'est ceux qu'on appelle les Hobbits ?

On a découvert récemment ces fossiles de tout petits hommes avec des grands pieds, sur l'île de Florès, à l'est de Java. Ils ne dépassent pas la taille d'un mètre ! Il semble qu'on ait affaire au cas bien connu de nanisme insulaire, mais cette fois avec des hommes. Quand de grands mammifères se retrouvent isolés sur une île, ils évoluent vers de petites tailles. Il y a eu des cerfs nains en Corse et sur d'autres îles dans le monde, des hippopotames nains à Chypre, des mammouths nains sur des îles au nord de la Sibérie et des stégodons nains, des cousins des éléphants, sur l'île de Florès. Inversement, les petits mammifères deviennent grands, notamment des rongeurs avec des tailles de chiens.

– Ça alors ! Et on sait pourquoi ?

On constate que sur les îles les faunes changent de taille en gardant leurs proportions ou en les modifiant à peine. Les hommes de Florès ont des crânes très petits avec des cerveaux de moins de 400 centimètres cubes, comme les bonobos actuels ! Les ancêtres des hommes de Florès ont connu la même évolution vers le nanisme que les stégodons qu'ils chassaient.

– Qui sont leurs ancêtres ?

Il y a deux hypothèses : soit des *Homo erectus* de Java arrivés vers 800 000 ans d'après un site archéologique de Florès, soit des hommes plus récents de notre espèce *Homo sapiens*. Les petits hommes de Florès, appelés *Homo floresiensis*, possèdent des caractères anatomiques particuliers qui ne facilitent pas les études. Si ce sont des descendants d'*Homo erectus* venus de Java et en compagnie des stégodons, ils ont eu le temps d'évoluer vers de petites tailles. Si ce sont des descendants d'*Homo sapiens*, leur évolution a été rapide, ce qui n'est pas impossible. Les études sont en cours et je t'épargne les controverses. Dans l'une ou l'autre hypothèse, il faut envisager une forme de navigation car, contrairement à Java, on ne peut jamais arriver à Florès à pied sec à cause de fosses marines très profondes. Donc, que ce soit il y a 800 000 ans ou 100 000 ans, les hommes avaient inventé des moyens de naviguer. Plus loin vers le soleil levant, il y a d'autres terres, l'Australie et la Nouvelle-Guinée. Le seul mammifère placentaire ayant été capable de traverser ces barrières géographiques et écologiques est l'homme.

– *Qui sont les premiers hommes arrivés en Australie ?*

Des *Homo sapiens*, il y a plus de 50 000 ans ; on en reparlera à propos de l'expansion de notre espèce. En attendant, telle est la situation connue en Asie avant l'arrivée de notre espèce. On repart à l'ouest.

IV. Les hommes de Neandertal et de Cro-Magnon

– *C'est là qu'on trouve l'homme de Neandertal ?*

Absolument. Des *Homo ergaster* émerge un tronc commun qui donnera les hommes de

Neandertal au Nord et les *Homo sapiens* au Sud. On les appelle *Homo heidelbergensis*, *Homo antecessor* en Espagne ou encore *Homo cepranensis* en Italie. Leur évolution se dessine avec plus de précision à partir de 600 000 ans. De nombreux crânes, comme celui de l'homme de Tautavel en France, possèdent des caractères qui annoncent l'homme de Neandertal : une face qui s'allonge au niveau du nez, avec un effacement des pommettes, une voûte crânienne basse et allongée et un os occipital saillant à l'arrière du crâne. Les vrais Néandertaliens apparaissent vers 120 000 ans, avec cette face très particulière et surtout un cerveau énorme de plus de 1 600 centimètres cubes pour moins de 1 400 centimètres cubes chez nous.

– *Pas mal ! Et ils avaient quelle allure ?*

Une silhouette râblée, un squelette bien charpenté, un thorax profond et des membres relativement courts, une morphologie corporelle qui limite la perte de chaleur car ils ont évolué dans l'Europe glaciaire. Ce sont d'excellents chasseurs puisque sous de hautes latitudes ou des latitudes froides, la principale nourriture disponible tout au long de l'année est la viande.

(Les peuples actuels du cercle arctique comme les Inuits ou Esquimaux ne comptent que sur la chasse et la pêche.) Les Néandertaliens abattent principalement des proies de grande et de moyenne tailles. Évidemment, ils attrapaient des saumons au moment où ils remontent les rivières pour le frai, du petit gibier à l'occasion et, pendant la saison estivale, récoltaient des fruits et des baies ; les populations vivant plus au nord avaient des régimes plus carnés que celles vivant au sud de l'Europe.

– *Est-ce qu'ils avaient un langage ?*

Bien sûr, d'abord d'un point de vue génétique puisqu'ils possèdent un gène foxp2 identique au nôtre et un gros cerveau, et surtout en regard de leurs activités culturelles. Les Néandertaliens fabriquaient des outils très diversifiés : ils préparaient un bloc de silex puis faisaient sortir un éclat d'un seul coup de percuteur, petit marteau de bois ou d'os tendre. Ils pensaient la forme de l'éclat avant de le dégager du bloc de roche ; il y avait donc préfiguration d'un objet, d'un concept, ce qui demande certainement un langage aussi complexe que le nôtre. D'autre part, ils enterraient leurs morts.

C'est grâce à cette pratique qu'on les connaît si bien, car en disposant les corps dans des tombes, ceux-ci se conservent mieux. S'ils avaient des rituels et des pensées autour de la mort, alors ils avaient forcément un langage et des récits sur la vie, la mort et le cosmos.

– *Et cela fait combien de temps que les hommes enterrent leurs morts ?*

Les plus anciennes tombes datent de 100 000 ans, pour Neandertal comme pour *Homo sapiens*. Mais la question la plus intéressante est celle-ci : depuis quand les hommes se préoccupent-ils de la vie, de la mort, de la vie après la mort ? Récemment, mes collègues espagnols ont trouvé les restes d'une trentaine d'individus déposés dans les profondeurs d'une grotte, à Atapuerca. Ils appellent ce site « le puits aux ossements ». Les corps de femmes, d'hommes et d'enfants ont été transportés le long de corridors étroits dans une sépulture collective. Au milieu des défunts, se trouve un bel objet unique, un superbe biface taillé dans la quartzite rouge et jamais utilisé.

– *Une offrande ?*

Certainement. Cette salle mortuaire date de 300 000 ans. Ce qui signifie que les hommes se préoccupaient de la vie et de la mort bien avant l'apparition des Néandertaliens et de notre espèce !

– Mais alors, comment peut-on prétendre qu'ils ne parlaient pas ?

Moi aussi, cela me laisse sans voix. On a fini par admettre depuis peu de temps qu'ils avaient des parures, comme des colliers composés de dents percées, et qu'ils utilisaient divers colorants, dont l'ocre qu'on retrouve dans des tombes, et surtout du manganèse, noir.

– Ils devaient avoir fière allure.

Imagine des maquillages noirs sur ces hommes roux à la peau claire, et peut-être aux yeux bleus.

– Comment peux-tu dire ça ? Tu n'as pas de photographies !

Depuis quelques années, les généticiens arrivent à prélever de l'ADN dans les os des hommes de Neandertal. Récemment, ils sont tombés sur la partie du génome qui code pour la couleur de la peau, des cheveux et des yeux. Après tout, rien de surprenant puisqu'une peau claire laisse passer les rayons ultraviolets, ce qui favorise la fabrication de la vitamine D, si importante pour le développement de notre corps.

– Plus Européen du Nord, tu meurs !

Leur évolution se fait en Europe. Ils en sortirent pendant les périodes interglaciaires, poussant jusqu'en Mongolie à l'est et au Moyen-Orient au sud.

– Et pourquoi pas jusqu'en Afrique ?

Là, ils se heurtent à un gros problème : nous, les *Homo sapiens* !

– Alors, ils se rencontrent !

Bien sûr, sans que l'on connaisse la qualité de leurs relations. Quand il fait froid, Neandertal et ses communautés écologiques descendent vers le sud de l'Europe et le Moyen-Orient ; quand il fait chaud, Cro-Magnon remonte avec ses communautés écologiques. Ils se rencontrent forcément au Moyen-Orient. Tous fabriquent et utilisent les mêmes outils, construisent des abris similaires, chassent et exploitent les ressources selon des pratiques proches et enterrent leurs morts. Il y a des différences, mais pas suffisamment marquées pour qu'une espèce l'emporte sur l'autre. D'ailleurs, les plus anciennes tombes, pour Neandertal comme pour Cro-Magnon, se trouvent dans cette région. On peut parler de para-espèces.

– Tu veux dire que ce sont deux espèces différentes d'hommes et qu'ils ne pouvaient pas se reproduire entre eux ?

Un faisceau d'arguments justifie une différence au niveau de l'espèce. Premier argument effectivement : les lignées néandertaliennes et sapiennes divergent entre 500 000 et 700 000 ans dans des régions séparées par la Méditerranée, et on connaît assez bien leurs évolutions respectives. C'est un bon exemple de spéciation géographique. Deuxième argument : les caractères distinguant les deux types d'hommes apparaissent dès le plus jeune âge, ce qui veut dire qu'ils sont profondément inscrits dans leur génétique du développement. Troisième argument, certainement le plus important : on ne trouve aucune trace d'ADN de Neandertal dans notre génome. Ce qui veut dire, quatrième argument, que même s'il y a eu des amours entre des femmes et des hommes de ces deux espèces, chacune a conservé ses caractères. Or, ils se fréquentent entre 100 000 ans et 50 000 ans au Proche-Orient, ce qui laisse pas mal de temps pour des échanges amoureux.

– On est sûr qu'ils se rencontraient ?

Les deux espèces ont été contemporaines pendant des dizaines de milliers d'années. Ce sont des hommes, ce qui veut dire qu'ils ont pu s'éviter, s'observer, se menacer, se lier d'amitié, se combattre ou s'aimer pour des relations admises ou réprouvées. Tous enterrent leurs morts et on trouve peu de traces par mort violente. Mais on a quelques exemples.

– Tout cela me semble humain !

Il faut imaginer une seule humanité avec au moins deux espèces d'hommes biologiquement différentes. C'est assez difficile à concevoir, puisqu'il n'existe de nos jours qu'une seule espèce d'hommes sur la Terre.

– Mais que s'est-il passé ?

Origines et expansion d'*Homo sapiens*

Les plus anciens représentants de notre espèce, *Homo sapiens* donc, se trouvent en Afrique du Sud, de l'Est et, plus récemment, au Moyen-Orient. Ces fossiles remontent à environ 200 000 ans, voire plus selon l'interprétation de certains fossiles.

– Et revoilà l'Afrique ! À partir de quand Homo sapiens *entame sa conquête du monde ?*

Depuis plus de 100 000 ans par petits groupes. Et ils vont vite, à pied bien sûr, mais aussi avec des embarcations. Nos ancêtres *Homo sapiens* exploitent depuis 100 000 ans les ressources des côtes et se déplacent par cabotage le long des côtes. On trouve des sites archéologiques sur les côtes d'Afrique du Sud et dans la péninsule arabique. Il y a peu de raisons qu'ils se soient arrêtés là. Les petits hommes de Florès sont peut-être issus d'un groupe de ces *Homo sapiens* aventureux. D'autres groupes accostent en Australie dès 50 000 ans, voire 70 000 ans d'après certaines datations à confirmer. Et pour aller en Australie, il faut aller au-delà de l'horizon, vers l'inconnu, et entreprendre une navigation loin des côtes.

– Et l'Amérique, car ils ont battu Christophe Colomb à plate couture ?

C'est un peu plus tard. Avant cela, repartons à l'ouest. Les populations d'*Homo sapiens* entament un mouvement d'expansion plus régulier et soutenu depuis 50 000 ans. À partir de cette époque, la génétique historique épaule les recherches sur les fossiles et l'archéologie. Tout le monde s'accorde pour situer les origines de notre espèce *Homo sapiens* en Afrique autour de 200 000 ans. Puis c'est le déploiement de l'homme moderne, autrement dit nous, entre 60 000 et 50 000 ans. Pour l'Europe, on parle des hommes de Cro-Magnon.

– Comment la génétique explique notre évolution ?

Les populations se déplacent avec leurs gènes, leurs langues et leurs outils, ce qui donne une histoire. Pour reconstituer les origines des populations humaines actuelles, il faut suivre des lignées génétiques transmises uniquement par les femmes ou uniquement par les hommes. Pour les femmes, c'est l'ADNmt ou ADN des mitochondries, de petits organites de nos cellules qui s'occupent de leur énergie, et qui ne se transmet que de mère à enfant. Les généticiens ont reconstitué l'arbre phylogénique de l'ADNmt et, arrivés aux ultimes fragments, ils n'ont rien trouvé de mieux que de parler de « l'Ève mitochondriale ». Formidable d'un point de vue médiatique, mais source de grande confusion. Du côté des hommes, c'est l'arbre phylogénétique de l'ADN du chromosome Y, le plus petit des chromosomes et qui détermine le sexe masculin. Évidemment, on parle de « l'Adam chromosomique ».

– C'est amusant.

Réduire Adam et Ève à des bouts d'ADN est plutôt singulier. On ne retrouve ni la première femme, ni le premier homme de notre espèce actuelle, mais les origines génétiques des populations humaines actuelles. La génétique et la linguistique comparées proposent des arbres de parenté identiques qui, tous les deux, s'enracinent en Afrique. Encore un bel exemple de « consilience », puisqu'il n'existe pas de relation entre les gènes et les langues, cette ressemblance étant la conséquence, comme pour les espèces, d'une histoire de descendances et de modifications.

– Tu veux dire que les presque sept milliards d'hommes d'aujourd'hui viennent d'Afrique ?

L'anthropologie génétique montre que toutes les populations humaines actuelles présentent une faible diversité génétique, ce qui plaide pour des origines récentes, et que le patrimoine génétique de l'humanité actuelle se rapporte à une population d'environ 60 000 individus qui vivaient en Afrique il y a environ 50 000 ans. Si nos origines sont africaines, c'est parce qu'on constate la plus grande diversité génétique et linguistique sur ce continent. Même si l'évolution peut se faire rapidement et même si les populations humaines peuvent se déplacer rapidement, il faut du temps pour arriver à une telle diversité.

– Je comprends. Et que se passe-t-il depuis 50 000 ans ?

Des populations d'hommes modernes se déplacent vers le Moyen-Orient, mais sans qu'on suive avec précision leurs déplacements et sans qu'on connaisse leurs relations avec des groupes d'*Homo sapiens* déjà installés. Comme ils sont de la même espèce, la reproduction entre eux est possible, évidemment. Cela devient plus compliqué sur l'immense Asie continentale. Nos collègues chinois soulignent que de nombreux fossiles d'*Homo erectus* récents présentent des caractères que l'on retrouve chez les *Homo sapiens* actuels. Il est possible qu'il n'y ait jamais eu de rupture génétique absolue entre ces populations très mobiles selon un axe ouest-est, et obligées de migrer à cause des changements climatiques selon un axe nord-sud. Il y a débat et, même si le patrimoine des populations d'Asie orientale provient en grande partie de populations africaines, cela n'exclut pas des hybridations. En tout cas, l'hypothèse d'un remplacement rapide de toutes les autres populations humaines, qu'elles soient *Homo sapiens* ou autres, n'a rien d'évident.

– Tu m'as dit qu'il y avait eu d'autres espèces d'hommes. Donc, par définition, il y a forcément remplacement.

À l'époque où l'homme moderne se déploie, les autres espèces d'hommes sont périphériques, comme les hommes de Solo et de Florès. Dès que des hommes modernes débarquent sur leurs îles, leur extinction est inéluctable.

– Pourquoi ?

Parce que les hommes se sont spécialisés

dans la recherche des meilleures ressources alimentaires et celles-ci sont moins abondantes dans des îles. La concurrence finit par avoir raison des autres populations humaines. Pour le reste de l'Asie, on ne peut qu'imaginer une diversité complexe des situations avec des hybridations et des remplacements, ce qu'on appelle dans notre jargon des « modèles réticulés », en référence aux mailles d'un filet ou, plus exactement, aux branches de ces arbres fruitiers qui se croisent sur un treillis tout en poussant vers le haut.

– Et en Europe avec Neandertal ?

Entre 10 000 et 50 000 ans, Neandertal et Cro-Magnon se croisent au Moyen-Orient, sans que l'un ne prenne avantage sur l'autre. Puis arrivent les hommes modernes, porteurs de nouveaux outils, de nouvelles formes d'exploitation des ressources et de nouvelles organisations sociales. Ils fabriquent des outils sur lames de pierre, qui sont des éclats longs et minces, et très diversifiés dans leurs formes et leurs fonctions. Grâce à ces outils, ils façonnent les matières animales comme les os, les bois de cervidés et l'ivoire. Ils en tirent des harpons et des pointes de sagaie. Ces armes de jet permettent d'abattre toutes sortes d'animaux à plus grande distance. Les harpons et les foënes attestent de pratiques de pêche bien maîtrisées, sans oublier les filets et les nasses qui ne se conservent pas. Les hommes modernes perfectionnent des techniques plus anciennes, les diversifient, en font des usages plus systématiques et innovent aussi, comme pour tous ces outillages sur matière animale, certainement dérivés d'outils sur bois, mais bien plus efficaces. Ainsi, ils viennent d'Afrique et du Moyen-Orient avec des avantages plein les sacoches.

– Ils ont donc un avantage technique sur les Néandertaliens.

Pour prendre avantage, il importe d'avoir de bons outils, mais surtout d'avoir des pratiques et des organisations qui les rendent efficaces. Des groupes d'hommes modernes arrivent en traversant les régions qui bordent la rive nord de la Méditerranée et d'autres en passant par les grandes plaines du centre de l'Europe, autrement dit de part et d'autre du massif Alpin. On peut imaginer le scénario suivant. Un groupe de Cro-Magnon arrive, mais des Néandertaliens sont là. Les premiers s'installent un peu plus loin. Puis arrive le temps de se déplacer, car les Néandertaliens, comme tous les peuples vivant sous des latitudes froides, vivent en groupes composés de peu d'individus, dépendent plus de la viande pour se nourrir et migrent plus. Cro-Magnon en profite pour s'installer. Ses techniques de collecte, de chasse et de pêche lui permettent de mieux exploiter les ressources de l'environnement et il vit dans des groupes plus sédentaires à effectifs plus importants. Quand les Néandertaliens reviennent, ils retrouvent des Cro-Magnon bien installés, plus nombreux et mieux armés. Ils doivent trouver un autre lieu. Au fil du temps, la concurrence se fait plus tendue, même si leurs relations ne l'étaient pas constamment. Les archéologues mettent en évidence des échanges de techniques entre ces deux types de populations, ce qu'on appelle de l'acculturation. Cette situation dure des milliers d'années, entre 38 000 et 30 000 ans. Puis le déclin des Néandertaliens s'accentue. Ils fréquentent de moins en moins les plaines et les régions les plus propices à la chasse, leurs ultimes refuges étant les régions de moyenne montagne comme le Massif central, le Jura Souabe au sud de l'Allemagne et de l'Autriche, le Piémont au nord de l'Italie et la Calabre, le talon de la botte de l'Italie. Puis ils disparaissent. Les derniers se maintiennent dans un ultime refuge au sud de l'Espagne. Il est possible qu'ils aient survécu encore quelque temps pour s'éteindre définitivement vers 25 000 ans.

– Pourquoi en Espagne et pas ailleurs ?

C'est assez fascinant. Partout ailleurs en Europe les Néandertaliens et les Cro-Magnon ont des contacts, des échanges. Ce n'est pas le cas dans le sud de l'Espagne, dans une version très ancienne du « village d'Astérix » : ils résistent encore et toujours à l'envahisseur. Mais l'isolement aboutit toujours à l'extinction.

– Après la disparition des derniers Néandertaliens, il ne reste plus que notre espèce sur la Terre.

Les derniers Néandertaliens s'effacent entre 30 000 et 25 000 ans ; les hommes de Solo à la même époque et les petits hommes de Florès entre 20 000 et 12 000 ans. Nous touchons le deuxième grand paradoxe de notre histoire évolutive.

– *Qui est ?*

Le premier, tu t'en souviens, se joue entre 2 et 1,5 millions d'années avec l'extinction de toutes les branches de notre famille africaine, alors que le genre *Homo*, unique branche survivante, se déploie sur trois continents. Le deuxième paradoxe voit une seule espèce d'hommes, *Homo sapiens*, se répandre sur la Terre alors que toutes les autres s'éteignent.

– *Quand arrivent-ils en Amérique ?*

La génétique et la linguistique reconnaissent trois vagues de migrations depuis l'Asie orientale et la Sibérie. Les deux premières vagues constituent les ancêtres des peuples amérindiens, la plus récente ceux des peuples arctiques, comme les Inuits. Le problème est de savoir quand ? Pour la majorité de nos collègues américains, c'est tout à la fin du dernier épisode glaciaire, soit entre 13 000 et 11 000 ans. Mais c'est forcément bien avant, certainement vers 30 000, puisqu'on a des sites préhistoriques datés de plus de 20 000 ans en Alaska et d'autres de 12 000 ans au Chili ; alors s'ils arrivent du nord par le détroit de Béring, ils sont vraiment rapides.

Sans parler d'une grotte peinte du centre du Brésil avec une datation, quoique très contestée, de 50 000 ans.

– Ils n'auraient pas pu arriver directement en bateau en traversant le Pacifique ?

Ce n'est pas impossible, car on a trouvé récemment en Amérique du Sud des fossiles de poulets proches de poulets de l'Océanie. Plus largement, ta question est très pertinente. Pour passer à pied de la Sibérie à l'Alaska, il faut un abaissement du niveau des mers à la faveur d'une période glaciaire. Mais une fois en Alaska, il y a un gros problème : les glaciers !

– Mais il n'y a pas de glaciers en Sibérie pendant les périodes froides.

Non, ils s'étendent au nord de l'Europe et au nord de l'Amérique du Nord. Donc, imagine de petits groupes qui arrivent en Alaska et décident d'aller vers le sud : ils tombent sur une formidable muraille constituée par les glaciers des Rocheuses et des Laurentides. Alors on a imaginé un couloir entre ces deux calottes, le corridor du Labrador. Même si un tel corridor avait existé, il aurait fallu autant d'audace que d'inconscience pour s'engager entre deux murailles glacées longues de plusieurs centaines de kilomètres.

– Il reste les bateaux !

Pas besoin d'imaginer de grandes navigations, mais du cabotage, d'autant plus que les îles ne manquent pas dans cette région, telles les Aléoutiennes. Il fallait bien que les hommes sachent naviguer, et pas que par cabotage, pour atteindre le Japon et les autres îles du Pacifique, et cela fait plus de 30 000 ans. Il y a eu beaucoup de voyages maritimes avant le grand Christophe Colomb !

La fin de la préhistoire

– Ils devaient quand même être nombreux pour conquérir toutes ces contrées.

Bien que ce soit difficile à évaluer, c'est la première « explosion » démographique de l'humanité. Des populations humaines se sont adaptées à presque tous les habitats, depuis le niveau des mers jusqu'à des altitudes et des latitudes toujours plus hautes, des environnements les plus secs et chauds aux steppes glacées, des forêts humides aux îles

les plus isolées. Aucun mammifère n'a jamais pu réaliser une telle aventure, si ce n'est les chiens, le premier animal domestiqué il y a plus de 11 000 ans, mais en compagnie des hommes.

– C'est grâce à leurs techniques, le feu, les vêtements...

Indéniablement, mais il y a toujours la coévolution entre la culture et la biologie. En devenant plus nombreux et plus mobiles, les différentes populations d'*Homo sapiens* affirment leurs identités par leurs langues, leurs costumes, leurs parures et l'art. À la diversité naturelle due aux dérives génétiques s'ajoute la construction de différences culturelles, ce qu'on appelle des ethnies. Pour comprendre cela, il faut oublier ce cliché stupide des femmes et des hommes de la préhistoire tellement préoccupés par la quête de nourriture qu'ils n'avaient pas le temps, et encore moins le loisir de créer. Ils étaient aussi intelligents que nous et tout aussi créatifs.

– Mais ils n'avaient pas la télévision, ni internet, ni d'avion, de voiture...

N'oublie pas ce que je t'ai dit, ce n'est pas

l'outil qui fait l'homme, mais la façon dont il en fait usage. La télévision et ses programmes affligeants ; internet pour des *chats* au ras des pâquerettes ; l'avion pour aller sur une plage et passer son temps à consulter un téléphone portable ou la voiture en ville pour se déplacer moins vite qu'à pied... Je pense que les géniaux inventeurs de ces technologies formidables seraient bien déçus s'ils revenaient sur Terre. L'intelligence, quelle que soit la société, c'est la façon de bien vivre en relation avec les autres et l'environnement. Je ne dis pas que le bonheur était dans la préhistoire, mais qu'il y avait des rires et des pleurs, de la joie et des malheurs, de la beauté et de l'horreur.

– *À propos de beautés, je suis émerveillé par l'art de cette époque.*

Les hommes de Cro-Magnon ont inventé toutes les formes d'art de l'humanité connue jusqu'à l'époque de Darwin : danse, chant, peinture, sculpture, musique, gravure, narrations... avant l'invention de l'électricité, de la photographie, du cinéma et des nouvelles technologies.

– *Mais ce n'est vrai que pour* Homo sapiens *?*

Avec Cro-Magnon on parle d'« explosion symbolique » avec l'émergence éclatante des arts sous toutes leurs formes. Cette explosion symbolique s'appuie sur une longue évolution antérieure, qui dépasse notre seule espèce. Les *Homo ergaster* ou *Homo erectus,* qui inventent les bifaces il y a plus de 1,5 million d'années, possèdent déjà des pensées sur la beauté des formes, la symétrie, les préférences pour les matières et les matériaux. L'usage de colorants, on l'a vu, remonte à plus de 1 million d'années. Les plus anciennes statuettes datent de plusieurs centaines de milliers d'années. Quant aux parures, faites de coquillages nacrés percés et enduits d'ocre, on en retrouve partout en Afrique depuis plus de 100 000 ans.

– D'accord, mais les grottes peintes, c'est quand même plus récent ?

Tu as raison. Mais il faut comprendre que ces chefs-d'œuvre ne jaillissent pas, comme par magie, du cerveau des artistes de la fin de la préhistoire et que seule une infime partie nous est parvenue. Dans la dernière décennie du siècle dernier – le XXe siècle – tout le monde a été surpris par la découverte des peintures et des gravures sur les parois de la grotte Cosquer, du côté de Marseille, et de la Grotte Chauvet, en Ardèche, datée de 32 000 ans. Or, à cette époque, des hommes de Neandertal étaient encore présents.

– Tu veux dire que ce sont des Néandertaliens qui ont peint la grotte Chauvet ?

Ce serait amusant. Les peintures, les gravures et le style de cette grotte s'inscrivent dans un complexe culturel plus large associé aux hommes de Cro-Magnon, appelé l'Aurignacien. Mais Neandertal n'était pas dénué de représentations symboliques, esthétiques et artistiques. L'explosion de l'art en Europe se manifeste à la faveur de l'arrivée des populations de Cro-Magnon, mais ailleurs dans le monde d'autres populations d'*Homo sapiens* peignent et gravent, comme à Bornéo, en Australie et en Amérique, certaines datations remontant à plus de 50 000 ans. Les populations d'*Homo sapiens* s'étendent et déposent des représentations symboliques sur les parois de falaises et de grottes, le motif le plus universel étant les mains peintes ou gravées.

– Il y a des styles ?

Il ne faut pas longtemps pour reconnaître les chevaux de Lascaux, Pech-Merle, Niaux ou d'ailleurs. Il ne s'agit pas d'un art figuratif ou photographique. Ce sont de vrais artistes qui traduisent leurs représentations du monde, leurs mythes et leurs croyances par des peintures et des gravures. Ils ne choisissent que quelques espèces parmi toutes celles qu'ils connaissent, et le plus souvent pas celles qu'ils chassent. Les paysages sont absents, comme les végétaux ou les éléments du ciel, ainsi que les scènes de la vie des animaux, comme l'allaitement, les affrontements... Il s'agit donc bien de représentations symboliques du monde, accompagnées d'une grande diversité de formes géométriques et abstraites.

– Alors ils avaient du temps pour toutes ces créations !

On vient de parler des œuvres pariétales, ce qui veut dire réalisées sur les parois des cavernes et des falaises. Imagine toutes les formes d'art mobilier comme les statuettes, les plaquettes, les harpons et les propulseurs magnifiquement ouvragés. À l'apogée de l'art de la taille de la pierre, au Solutréen, ils façonnent de grandes lames d'obsidienne si fines et si transparentes qu'on les appelle des feuilles de laurier. Leur beauté et leur fragilité excluent tout usage.

– Alors pourquoi fabriquer de tels objets ?

La recherche de la beauté des gestes, des savoir-faire et des objets. Ce monde de la fin de la préhistoire s'anime de différentes civilisations et les objets, les statuettes, les coquillages, l'ivoire de mammouth et les matières les plus précieuses circulent sur des milliers de kilomètres.

– Tu as bien dit civilisations ?

Absolument, la mieux connue s'étend des rives de l'Atlantique jusqu'au cœur de la Sibérie, avec les Vénus aux formes généreuses. Si une civilisation se définit par un ensemble de croyances, de langues, de symboles et de modes de vie communs, avec leurs variations, alors ce sont des civilisations. Il y en a d'autres, partout dans le monde, mais celles des derniers âges glaciaires d'Europe et d'Asie nous ont livré beaucoup de témoignages grâce aux grottes, aux tombes, aux conditions de conservation de ces œuvres réalisées sur des matières peu périssables, ce qui n'est pas le cas de tous les supports végétaux, comme le bois, la principale matière utilisée dans toutes les autres civilisations, autant de formes d'art disparues à jamais.

– Et on connaît leurs vêtements ?

Pas facile à reconstituer ; mais tu peux oublier ces tristes images d'Épinal avec des femmes et des hommes aussi laids que sales, les cheveux crasseux, et couverts de lambeaux de peaux de bêtes. L'aiguille à coudre existe depuis plus de 25 000 ans, et cela ne veut pas dire qu'auparavant les vêtements de végétaux, d'écorces et de peaux n'étaient pas tissés, coupés, arrangés, façonnés, épinglés, brochés, ceinturés… Les parures et les colorants en témoignent. Même si les représentations humaines restent rares, la statuette de la Dame de Brassempouy a une chevelure enfermée dans une résille ; celles d'Ardovo arborent de grands chignons et la Vénus de Lespugue porte un pagne. Mais quittons la préhistoire avec ce que l'on sait de la splendeur des corps ensevelis dans les tombes de Süngir, en Ukraine, datée de 27 000 ans. Là, une femme, un homme et deux adolescents ont été enterrés avec des vêtements cousus de milliers de perles en ivoire de mammouth, des bracelets en ivoire de mammouth aussi, des toques serties d'une couronne faite de canines de renard polaire et des offrandes, comme deux grandes lances redressées en ivoire de mammouth.

– Je suis ébloui et j'ai du mal à imaginer.

Tout cela est connu depuis des décennies. Hélas, notre modernité me semble bien fragile dans ce refus de considérer tout ce que l'on doit à ces magnifiques ancêtres. Comment prétendre construire un bel avenir, si on persiste à ignorer et caricaturer tous ces peuples d'hier et d'aujourd'hui que l'on continue de qualifier de « primitifs » ou de « premiers » ? Sans cette belle préhistoire, nous ne serions pas ce que nous sommes. Cela fait plus de 300 000 ans que les hommes se préoccupent des défunts. Qu'y a-t-il de plus inutile pour sa survie immédiate que de s'occuper des morts ? Il ne s'agit donc pas de survie, mais d'existence. On croyait que seul *Homo sapiens* s'interrogeait sur la vie et le sens de la vie. Il semblerait que se poser les questions *Qui sommes-nous ?* et *D'où venons-nous ?* soit le propre du genre *Homo* depuis des centaines de millénaires.

– Et où allons-nous ?

C'est là une grande question. Connaître notre évolution, et surtout la coévolution avec les autres espèces et la coévolution entre nos inventions techniques et culturelles qui influent sur notre biologie, est fondamental pour construire notre avenir. Entre nos « origines communes » et « notre avenir à tous », l'humanité est liée par une communauté de destin dont nous pouvons décider, en partie, de ce qu'il sera. Cela s'appelle l'*hominisation.*

– *Ce qui veut dire ?*

L'histoire de la vie n'a pas de but. On l'a vu, il ne reste qu'une seule espèce d'homme sur la Terre et depuis peu de temps. Alors certains croient que l'évolution allait vers nous, pensant que l'hominisation exprime un projet dont la finalité serait *Homo sapiens*. En fait, l'hominisation signifie que notre espèce est un petit évènement improbable dans l'immensité du cosmos et de l'histoire de la vie, qu'elle commence à en prendre conscience et que, désormais, elle est responsable de ce qui devient son destin. Ce destin n'est écrit nulle part et c'est à nous d'en décider. Pour cela, il est important de savoir d'où nous venons.

TABLE

Du même auteur

La Plus Belle Histoire des animaux
(en collaboration avec Boris Cyrulnik
Jean-Pierre Digard et Karine Lou Matignon)
Seuil, 2000

Cro-Magnon et nous
Mango-Jeunesse, 2000

La Préhistoire
Mango-Jeunesse, 2001

Les Origines de l'humanité
Mango-Jeunesse, 2001

À la recherche de l'homme
NIL, 2002

Aux origines de l'humanité
Coffret vol. 1 et 2
Sous la direction d'Yves Coppens et de Pascal Picq
Fayard, 2002

Le singe est-il le frère de l'homme ?
Le Pommier, 2002

Qu'est-ce que l'humain ?
(avec Michel Serres et Jean-Didier Vincent)
Le Pommier, 2003

Au commencement était l'homme :
de Toumaï à Cro-Magnon
Odile Jacob, 2003

Les Premiers Outils
(en collaboration avec Hélène Roche)
Le Pommier, 2004

Nouvelle Histoire de l'homme
Perrin, 2005

Lucy et l'Obscurantisme
Odile Jacob, 2007

Les Animaux amoureux
(en collaboration avec Éric Travers)
Le Chêne, 2007

La Plus Belle Histoire du langage
(en collaboration avec Ghislaine Dehaene,
Cécile Lestienne et Laurent Sagart)
Seuil, 2008

Le Sexe, l'Homme et l'Évolution
(avec Philippe Brenot)
Odile Jacob, 2009

Darwin et l'évolution expliqués
à nos petits-enfants
Seuil, 2009

Le monde a-t-il été créé en sept jours ?
Perrin, 2009

100 000 ans de beauté
(directeur du volume I)
Gallimard, 2009

Dans la même série

Tahar Ben Jelloun
Le Racisme expliqué à ma fille

Régis Debray
La République expliquée à ma fille

Max Gallo
L'Amour de la France expliqué à mon fils

Sami Naïr
L'Immigration expliquée à ma fille

Jacques Duquesne
Dieu expliqué à mes petits-enfants

Jean Ziegler
La Faim dans le monde expliquée à mon fils

Lucie Aubrac
La Résistance expliquée à mes petits-enfants

Annette Wieviorka
Auschwitz expliqué à ma fille

Nicole Bacharan et Dominique Simonnet
L'Amour expliqué à nos enfants

Jacques Sémelin
La Non-Violence expliquée à mes filles

Jérôme Clément
La Culture expliquée à ma fille

Roger-Pol Droit
Les Religions expliquées à ma fille

Henri Weber
La Gauche expliquée à mes filles

Jacky Mamou
L'Humanitaire expliqué à mes enfants

Jean Clottes
La Préhistoire expliquée à mes petits-enfants

Tahar Ben Jelloun
L'Islam expliqué aux enfants

Emmanuelle Huisman-Perrin
La Mort expliquée à ma fille

Patricia Lucas et Stéphane Leroy
Le Divorce expliqué à nos enfants

Roger-Pol Droit
La Philosophie expliquée à ma fille

Antoine Prost
La Grande Guerre expliquée à mon petit-fils

Michel Vovelle
La Révolution française expliquée à ma petite-fille

Bernard Sesboüé
Le Da Vinci code *expliqué à ses lecteurs*

Jacques Le Goff, Jean-Louis Schlegel
Le Moyen Âge expliqué aux enfants

Jean-Christian Petitfils
Louis XIV expliqué aux enfants

Marc Ferro
Le XXe *siècle expliqué à mon petit-fils*

Jacques Le Goff
L'Europe expliquée aux jeunes

Denis Guedj
Les Mathématiques expliquées à mes filles

Pauline Schmitt Pantel
Dieux et Déesses de la Grèce expliqués aux enfants

Roger-Pol Droit
L'Occident expliqué à tout le monde

Rama Yade
Les Droits de l'homme expliqués aux enfants

Clémentine Autain
Les Machos expliqués à mon frère

Jean-Marc Jancovici
Le Changement climatique expliqué à mes filles

Pascal Picq
Darwin et l'évolution expliqués à nos petits-enfants

Alain Demurger
Chevaliers et chevalerie expliqués à mon petit-fils

Pascal Vernus
Les Dieux égyptiens expliqués à mon fils

Roger-Pol Droit
L'Éthique expliquée à tout le monde

Marc Ferro
La Chute du mur de Berlin et du communisme expliquée à ma petite-fille

Marc-Alain Ouaknin
La Tora expliquée aux enfants

Rachid Benzine
Le Coran expliqué à mon fils

Jacques-Olivier Boudon
Napoléon expliqué à mes enfants

Bruno Dumézil
Les Barbares expliqués à mon fils

Jean-Louis Brunaux
Les Gaulois expliqués à ma fille

Le Seuil s'engage pour la protection de l'environnement

Ce livre a été imprimé chez un imprimeur labellisé Imprim'Vert, marque créée en partenariat avec l'Agence de l'Eau, l'ADEME (Agence de l'Environnement et de la Maîtrise de l'Énergie) et l'UNIC (Union Nationale de l'Imprimerie et de la Communication).
La marque Imprim'Vert apporte trois garanties essentielles :

- la suppression totale de l'utilisation de produits toxiques ;
- la sécurisation des stockages de produits et de déchets dangereux ;
- la collecte et le traitement des produits dangereux.

RÉALISATION : PAO ÉDITIONS DU SEUIL
IMPRESSION : NORMANDIE ROTO IMPRESSION À LONRAI
DÉPÔT LÉGAL : JANVIER 2010. N° 99160 (094536)
Imprimé en France